高等职业教育产教融合特色系列教材

增材制造技术

主　编　马士伟　方春慧　宋　晴
副主编　刘凤景　余　娟　周　予
　　　　刘　丽　董　刚
参　编　孙立民　尹　萌　卞瑞姣
　　　　段　斐　卢　萍

北京理工大学出版社
BEIJING INSTITUTE OF TECHNOLOGY PRESS

内 容 简 介

本书在编写过程中,参考了增材制造技术同类教材的编写经验,结合国内外最新的教育科研成果,注重理论技术与企业、行业应用的紧密联系。

本书分为理论篇、实践篇,理论篇分为五个学习情境,包括增材制造技术概论、发展及领域,增材制造技术典型加工工艺,增材制造常用材料,增材制造常用设备,增材产品模型设计;实践篇分为三个项目,包括基于中望 3D 软件的校徽设计与 FDM 打印实施、基于 UG NX 软件的有支撑体装配类产品的设计与 SLA 打印实施、基于 SolidWorks 软件的有支撑体装配类产品的设计与 SLM 打印实施。

本书可作为高等院校、高职院校增材制造技术、模具设计与制造、机械设计与制造等专业的教材,也可为从事计算机辅助设计与制造、材料成型及控制等工作的工程技术人员提供参考。

版权专有 侵权必究

图书在版编目(CIP)数据

增材制造技术 / 马士伟,方春慧,宋晴主编.

北京:北京理工大学出版社,2024.7(2024.8 重印).

ISBN 978-7-5763-4377-9

Ⅰ. TB4

中国国家版本馆 CIP 数据核字第 2024QE5306 号

责任编辑:陈莉华	文案编辑:李海燕
责任校对:周瑞红	责任印制:李志强

出版发行 / 北京理工大学出版社有限责任公司

社　　址 / 北京市丰台区四合庄路 6 号

邮　　编 / 100070

电　　话 /(010)68914026(教材售后服务热线)

　　　　　(010)68944437(课件资源服务热线)

网　　址 / http://www.bitpress.com.cn

版 印 次 / 2024 年 8 月第 1 版第 2 次印刷

印　　刷 / 涿州市新华印刷有限公司

开　　本 / 787 mm×1092 mm　1/16

印　　张 / 17

字　　数 / 399 千字

定　　价 / 49.90 元

图书出现印装质量问题,请拨打售后服务热线,负责调换

前　言

增材制造技术是 20 世纪 80 年代中后期出现的高新技术。增材制造技术与计算机、信息、自动化、材料、化学、生物及现代管理等学科相融合，使传统意义上的制造技术有了质的飞跃，形成了先进制造技术的新体系。

增材制造技术是中国实施制造强国战略中重点领域技术之一，在高档数控机床和机器人发展战略中，增材制造是重点发展的装备和技术之一；在新材料发展战略中，3D 打印用材料被明确提出作为重点发展的方向；在生物医药及高性能医疗器械发展战略中，发展医用增材制造技术被作为关键性技术提出。党的二十大报告提出，实施产业基础再造工程和重大技术装备攻关工程，支持专精特新企业发展，推动制造业高端化、智能化、绿色化发展。增材制造技术的发展与党的二十大精神完全契合，将极大助力我国高端制造业的发展，也是我国重点发展的技术之一。

本书分为理论篇、实践篇，理论篇分为五个学习情境，包括增材制造技术概论、发展及领域，增材制造技术典型加工工艺，增材制造常用材料，增材制造常用设备，增材产品模型设计；实践篇分为三个项目，包括基于中望 3D 软件的校徽设计与 FDM 打印实施、基于 UG NX 软件的有支撑体装配类产品的设计与 SLA 打印实施、基于 SolidWorks 软件的有支撑体装配类产品的设计与 SLM 打印实施。

本书在编写过程中，参考了增材制造技术同类教材的编写经验，结合国内外最新的教学科研成果，选用企业案例，注重理论技术与企业、行业应用的紧密联系。本书侧重使学生具备增材制造技术的应用能力，提高学生的理论水平和实践技能，并培养学生的创新意识。

本书由烟台汽车工程职业学院增材制造技术专业一线教师、企业人员采用团队通力协作、校企深度合作的模式编写完成，团队教师有着丰富的教学经历和教材编写经验，同时邀请上海联泰科技股份有限公司等企业人员加入编写团队，为教材的编写提供了先进的设备、技术、工艺，使教材更加贴近企业生产实际，提高了教材编写质量。

本书可作为高职院校增材制造技术、模具设计与制造、机械设计与制造等专业的教材，也可为从事计算机辅助设计与制造、材料成型及控制等工作的工程技术人员提供参考。

增材制造技术涉及众多学科，发展日新月异，新设备、新材料、新技术层出不穷，编写团队将紧跟增材制造技术的发展趋势，不断更新、修订本书内容。由于编者的水平有限，书中难免存在疏漏及不足之处，恳请读者批评指正。

目 录

第一篇 理论篇

学习情境一 增材制造技术概论、发展及领域——引领制造业"新时尚" 3
 学习单元1 了解增材制造基本概念、特点 5
 学习单元2 了解增材制造技术的发展历程 9
 学习单元3 增材制造技术的应用领域 15

学习情境二 增材制造技术典型加工工艺——传统加工工艺的"颠覆者" 19
 学习单元1 叠层实体制造工艺 22
 学习单元2 光固化成型工艺 29
 学习单元3 熔融沉积成型工艺 38
 学习单元4 选择性激光烧结工艺 44
 学习单元5 选择性激光熔融工艺 52
 学习单元6 其他快速成型工艺 57

学习情境三 增材制造常用材料——产品成型的"摇篮" 64
 学习单元1 增材制造材料性能 66
 学习单元2 叠层实体制造常用材料 70
 学习单元3 光固化成型与数字光处理快速成型常用材料 72
 学习单元4 熔融沉积成型常用材料 79
 学习单元5 选择性激光烧结成型常用材料 85
 学习单元6 选择性激光熔融成型及其他快速成型常用材料 92

学习情境四 增材制造常用设备——增材产品的"缔造者" 96
 学习单元1 叠层实体制造常用设备 98
 学习单元2 光固化成型常用设备 101
 学习单元3 熔融沉积成型常用设备 113
 学习单元4 选择性激光烧结成型常用设备 122
 学习单元5 选择性激光熔融常用设备 127
 学习单元6 其他快速成型常用设备 130

学习情境五　增材产品模型设计——创新未来制造的"加速器" …………………… 135
　　学习单元1　增材产品模型设计的基本要求 ………………………………………… 137
　　学习单元2　增材产品模型创新设计方法 …………………………………………… 145
　　学习单元3　增材制造背景下产品结构创新设计思路 ……………………………… 152
　　学习单元4　创意作品设计 …………………………………………………………… 156

第二篇　实践篇

项目一　基于中望3D软件的校徽设计与FDM打印实施 ……………………………… 165
　　任务1　校徽的设计与建模 …………………………………………………………… 166
　　任务2　校徽模型的打印成型 ………………………………………………………… 183
项目二　基于UG NX软件的有支撑体装配类产品的设计与SLA打印实施 ………… 199
　　任务1　排风扇叶轮的建模与装配设计 ……………………………………………… 200
　　任务2　排风扇叶轮模型的打印成型 ………………………………………………… 219
项目三　基于SolidWorks软件的有支撑体装配类产品的设计与SLM打印实施 …… 233
　　任务1　行星齿轮的建模与装配设计 ………………………………………………… 235
　　任务2　行星齿轮模型的打印成型 …………………………………………………… 253
参考文献 ……………………………………………………………………………………… 265

第一篇

理论篇

学习情境一　增材制造技术概论、发展及领域——引领制造业"新时尚"

情境导入

增材制造是一种以数字模型文件为基础，将塑料或金属等材料通过逐层叠加的方式来构造物体的技术。增材制造技术出现在20世纪80年代中期，与普通打印工作原理基本相同，在打印机内装有丝状、液体或粉末等打印材料，与计算机连接后，通过计算机控制把打印材料一层层叠加起来，最终把计算机上的图形变成实物。

相对于传统的减材制造（材料去除加工），增材制造技术无需模具，可直接进行数字化制造，具有原材料浪费少、制造流程短、工艺简单、可成型复杂形状和梯度结构等特点，是一种具有革新意义的制造方法。

目前，增材制造技术成型材料包含了金属、非金属、复合材料、生物材料甚至生命材料；成型工艺能量源包括激光、电子束、特殊波长光源、电弧及以上能量源的组合；成型尺寸从微纳米元器件到10 m以上大型航空结构件，为现代制造业的发展及传统制造业的转型升级提供了巨大契机。

增材制造通常是通过数字控制技术的设备来实现的。起初在模具制造、工业设计等领域被用于模型制造，后来逐渐用于一些产品的直接制造，目前已经广泛使用这项技术打印零部件，如图1-1-1所示。该技术还广泛应用在珠宝、玩具、灯具、鞋类、工业设计、建筑、汽车、航空航天、医疗、教育、地理信息系统、土木工程等领域。

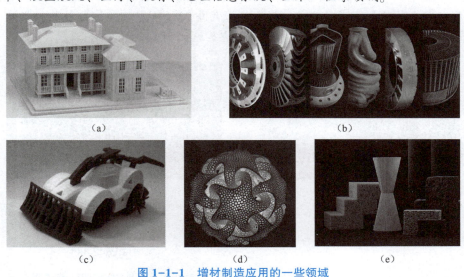

图1-1-1　增材制造应用的一些领域
(a) 建筑模型；(b) 汽车零部件；(c) 玩具；(d) 灯具；(e) 艺术品

情境目标

知识目标

掌握增材制造基本概念。

了解增材制造技术的特点。

了解增材制造技术的发展历程。

理解增材制造技术应用领域。

能力目标

能够厘清增材制造的含义。

能够分析增材制造所需要的关键技术。

能认知增材制造技术的发展历程和发展趋势。

能明确增材制造技术主要应用领域。

素养目标

培养学生的集体意识、团队合作精神和交流沟通能力。

培养学生的自主学习能力和专业认同感。

培养学生的爱国情怀和民族自豪感。

增材小课堂

在月球上盖房子——"超级泥瓦匠"

在月球上建造基地的方案多种多样,华中科技大学正在研究采用3D打印技术建造"月球屋",在实验过程中,首先研制了与月壤性质类似的材料,进行月面基地的建造,将打印结构与设计结构进行对比,判断打印精度,在精度检测中,要对打印的轮廓进行标定,标定完之后进行三维重建,重建完成后,打印的实体与设计模型进行误差计算,识别出误差,再进行进一步的调整,为月面基地建设提供了新思路。除此之外,为了使搭建的基地更加牢固,科研人员还创造性地提出了采用中国传统建筑的榫卯结构来搭建"月球屋",中国建筑的匠人智慧与现代科技实现了完美结合。

"超级泥瓦匠" 3D打印建造"月球屋"

学习单元1　了解增材制造基本概念、特点

单元引导

（1）增材制造技术的简称是_____，又被称为_____、_____、_____、_____。

（2）增材制造与减材制造，材料利用率哪个更高？

知识链接

一、增材制造技术概念

增材制造（Additive Manufacturing，AM）技术是基于离散-堆积原理，由零件三维数据驱动直接制造实体零件的科学技术体系，是通过计算机辅助设计（CAD）数据，运用分层切片软件将三维实体模型分切成二维片层结构数据，采用材料逐渐累加的方法制造实体零件的技术，是20世纪80年代中后期发展起来的新型制造技术，又被称为"3D打印技术""材料累加技术""分层制造技术""快速原型制造技术"等。

自21世纪以来，增材制造以其独特的优势为制造业开辟了一个新的先进制造技术，被众多国家视为未来产业发展的新增长点，是工业4.0的核心，是具有深刻变革意义的新型生产方式。增材制造技术具有数字化、网络化、个性化和定制化等特点，其将成为引领企业智能制造与创新发展的重要方式，是企业制胜工业4.0时代的重要法宝。零部件增材制造如图1-1-2所示。

图1-1-2　零部件增材制造

二、增材制造技术的关键技术

增材制造技术与不同的材料、工艺相结合形成了不同种类的增材制造设备，增材制造技术具有广阔的发展前景，但也存在一些挑战，在成型材料方面，目前主要是有机高分子材料和金属材料，而金属材料成型是近10年来的研究热点，并逐渐转向工业应用，最大

的难点在于提高精度。

1. 精度控制技术

增材制造的精度取决于材料增加的层厚、增材单元的尺寸以及精度控制。增材制造技术与切削加工的最大不同是材料需要一个逐层累加的系统,因此涂层是材料累加的必要工序,涂层的厚度直接决定了零件在累加方向的精度和表面粗糙度,增材单元的控制直接决定了零件的最小特征制造能力和制件精度。在现有的增材制造方法中,多采用激光束或电子束在材料上逐点形成增材单元进行材料累加制造。例如,金属直接成型中,激光熔化的微小熔池的尺寸与外界气氛控制,直接影响制造精度与零件性能。激光光斑在 0.1~0.2 mm,激光作用于金属粉末,金属粉末熔化形成的熔池对成型精度有着重要影响。通过激光或电子束光斑直径、成型工艺(扫描速度、能量密度)、材料性能的协调,有效控制增材单元尺寸是提高零件精度的关键技术。随着激光、电子束及光投影技术的发展,未来将发展两个关键技术:一是金属直接制造中控制激光光斑更细小,使增材单元能达到微纳米级,提高零件的精度;二是光固化成型技术的平面投影技术,投影控制单元随着液晶技术的发展,分辨率逐步提高,增材单元更小,可实现高精度、高效率制造。

2. 高效制造技术

增材制造在向大尺寸零件制造方向发展,如金属激光直接制造飞机上的钛合金框梁结构件,框梁结构件长度可达 6 m。目前实现多激光束同步制造、提高制造效率、保证同步增材组织之间的一致性和制造结合区域质量是发展的关键技术。此外,为提高效率,增材制造与传统切削制造结合,发展增材制造与材料去除制造的复合制造技术,也是提高制造效率的关键技术。

为实现大尺寸零件的高效制造,发展增材制造多加工单元的集成技术。如对于大尺寸金属零件,采用多激光束(4~6个激光源)同步加工,提高制造效率,成型效率提高10倍左右。对于大尺寸零件,研究增材制造与切削制造结合的复合关键技术,发挥各工艺方法的优势,提高制造效率。形成增材制造与传统切削加工结合的方式,使复杂金属零件的高效高精度制造技术在工业生产上得到广泛应用。

3. 复合材料零件增材制造技术

现阶段增材制造主要是制造单一材料的零件,如单一高分子材料和单一金属材料,目前正在向单一陶瓷材料发展。随着零件性能要求的提高,复合材料或梯度功能复合材料成为迫切需要发展的产品。如人工关节未来需要 Ti 合金和 CoCrMo 合金的复合,既要保证人工关节具有良好的耐磨界面(CoCrMo 合金),又要与骨组织有良好的生物相容界面(Ti 合金),这就需要制造的人工关节具有复合材料结构。由于增材制造具有微量单元的堆积过程,每个堆积单元可通过不断变化材料实现一个零件中不同材料的复合,实现控形和控性的制造。

未来还将发展多材料的增材制造,多材料组织之间在成型过程中的同步性是关键技术。例如,不同材料如何控制相近的温度范围进行物理或化学转变,如何控制增材单元的尺寸和增材层的厚度。这种材料的复合,包括金属与陶瓷的复合、多种金属的复合等,为实现宏观结构与微观组织一体化制造提供了新的技术。实现不同材料在微小制造单元的复合,达到陶瓷与金属成分的主动控制。

三、增材制造技术的优点

（1）无模具自由成型，制造周期短，面向小批量零件生产，成本低。在进行零件传统加工过程中，需要选备原料，预制毛坯件，同时面对不同工序，还要进行轮换加工，延长了产品的生产周期，增加了生产成本。增材制造技术仅需要产品原料和产品设备，即可进行产品加工，在加工过程中，既不需要传统的机械加工夹具，也不需要任何模具，可以实现一次成型，节省了专用夹具、模具等设计、加工、组装的时间，尤其是在进行小批量零件生产过程中，降低了加工成本。

（2）材料利用率高，机加工余量少，节约了材料。不同于减材制造，增材制造技术，因为是一次成型，"分层制造、逐层叠加"，在生产中除了少量材料用于支撑结构外，绝大部分材料应用于产品的成型上，几乎不产生废料，大大提高了材料的利用率。

（3）可以加工任意形状的结构，尤其是复杂的结构。众所周知，在机加工、铸造或模塑等传统的加工制造生产中，复杂设计要付出高昂的代价，每项细节都必须通过使用额外的刀具或其他步骤进行制造。利用增材制造技术由于无须考虑加工时的装夹、干涉等问题，可以构建出其他制造工艺所不能实现或无法想象的形状，可以从纯粹考虑功能性的方面来设计部件，无须考虑与制造相关的限制，任何形状复杂的零件只要能够使用三维软件绘制出其图形，均可以加工成型。

（4）激光束能量密度高，可以实现传统方式难加工材料的加工成型。激光具有的相干性、单色性、方向性都比较好，而且亮度高，尤其是其高能量束能够在很短的时间内将温度升高到数千度，在此温度下绝大多数金属材料被熔化加工成型。

（5）生产可预测性好，生产加工方便快捷。增材制造的构建时间经常可以根据零部件设计方案直接预测出来，这意味着生产用时可以精确地预测，同时对于增材制造技术而言，只要有三维模型即可生产出产品，在加工中不需要传统的工量刃具、机床以及任何模具就能直接把计算机中的模型变成实物产品。在生产实际中，不仅可以大大缩短产品的研发周期，还可以根据用户的实际需要进行个性化定制。

（6）加工的零件结构性强度更高，应力集中小。增材制造技术采用的是一体化制造成型技术，相比由零件间组装成的整体部件具有更高的刚度和稳定性，另外增材制造技术采用的是分层制造、逐层叠加的成型技术，在每一片层凝聚成型时，已经将成型应力释放，因此，制造的零件没有应力集中或者应力集中现象很少。

四、增材制造技术的缺点

（1）目前增材制造技术一般是用在工业设计上，大批量生产中相对成本高、工时长，不适合大批量工业生产。当进行大批量生产时，增材制造相对而言仍是比较昂贵的技术，用于增材制造的耗材、设备成本比较高，同时制造效率也比较低，因此，对于大批量生产，传统制造业更加适合。

（2）增材制造技术所使用的材料受限，而且来源不足，尤其是工业级金属打印机所使用的金属粉末制造厂商较少。当今时代，材料方面的选择应用对于增材制造技术而言还比较局限，可供打印的材料主要有塑料、树脂、石膏、陶瓷、橡胶和金属等，其中使用最多的是塑料，并且种类也比较有限，不但缺乏性能优异的工程塑料，而且能够打印的金属品类非常少，这一点也大大影响了增材制造的应用范围。

（3）制造精度、质量还有待进一步提升。由于增材制造技术的成型原理以及发展还不完善，打印成型零件的精度、刚度、强度等还不能完全满足工程实际的使用要求，因此还不能大规模作为功能性零件，更多只能做原型件使用。

除了上述缺点之外，目前3D打印产品颜色受限制，虽然目前已有公司设计出新一代多材料全彩打印机，但是价格昂贵，还无法普及。另外，对于航空航天复杂形状、难加工零件的激光加工技术有待进一步加强，便携式小型化打印设备有待设计。

五、增材制造、减材制造、等材制造的区别

按制造过程的形式，制造过程可分为增材制造、减材制造和等材制造三种。

（1）增材制造是一种新型制造技术，它的特点是从无到有，逐层累积材料制造零件。具体来说，就是在制造过程中，将材料一点一点地添加上去，直到形成所需的三维结构。常见的增材制造工艺包括叠层实体制造工艺、激光光固化成型工艺、熔融沉积成型工艺、选择性激光烧结成型工艺等。

（2）减材制造是将多余的材料去除得到最终形状，这种方法广泛应用于机械制造中，但可能会产生大量的边角料，导致材料浪费。常见的减材制造工艺包括车削、铣削、钻削、磨削等传统的机床加工以及激光切割、电火花加工等特种加工。

（3）等材制造是材料总量基本不变的制造方法，一般是将材料进行机械挤压或者形状约束以获得实际要求的形状的方法。常见的等材制造工艺包括铸造、锻造、焊接、折弯、冲压、钣金等。

单元小结与评价

在学生完成本单元学习的整个过程中，教师通过视频、多媒体课件等向学生展示增材制造技术的概念、特点，引导学生对增材制造技术的理解。

教师检查，同学们自查和互查，完成单元考核评价表。

姓名		组别	
单元考核点		评级	备注得分点
课前文献查阅情况，自主学习能力			
对增材制造技术定义的理解			
分组分析影响增材制造的精度、效率因素			
团结协作的精神			

学习单元 2　了解增材制造技术的发展历程

单元引导

（1）增材制造技术的发展史经历了几个阶段？
（2）目前我国增材制造领域有哪些做的较好的领头企业？

知识链接

一、增材制造发展史

1. 前期发展（1902—1977 年）

增材制造前期发展如表 1-1-1 所示。

表 1-1-1　增材制造前期发展

序号	时间节点	发展经历
1	1902 年	Carlo Baese 在专利中提出用光敏聚合物制造塑料件的原理
2	1940 年	Perera 提出了在硬纸板上切割轮廓线，然后将这些纸板黏结成三维地形图的方法
3	1964 年	E. E. Zang 细化了该方法，用透明纸板，且每一块均带有详细的地貌形态标记，制作地貌图
4	1972 年	K. Matsubara 使用光固化材料，光线有选择地投射或扫射，将规定的部分硬化，不断堆积成型
5	1976 年	P. L. DiMatteo 提出这种堆积技术能够用来制造用普通机加工设备难以加工的曲面
6	1977 年	W. K. Swainson 在专利中提出通过选择性的三维光敏聚合物体激光照射直接制造塑料模型工艺

2. 中期发展（1981—2010 年）

增材制造中期发展如表 1-1-2 所示。

表 1-1-2　增材制造中期发展

序号	时间节点	发展经历
1	1981 年	H. Kodama 首先提出了一套功能感光聚合物快速成型系统，应用了三种不同的方法制作叠层
2	1984 年	Charles W. Hull 申请了立体光固化 SLA 的专利

续表

序号	时间节点	发展经历
3	1986 年	Charles W. Hull 成立了世界上第一家 3D 打印设备公司 3D Systems，研发了 STL 文件格式
4	1988 年	3D Systems 公司在成立两年后，推出了世界上第一台基于 SL 技术的 3D 工业级打印机 SLA-250
5	1988 年	Scott Crump 发明了熔融沉积成型（FDM）技术
6	1989 年	Scott Crump 成立了 Stratasys 公司
7	2003 年	EOS 开发 DMLS 激光烧结技术
8	2007 年	3D 打印服务创业公司 ShapeWays 正式成立，提供个性化产品定制服务
9	2008 年	第一款开源的桌面级 3D 打印机 RepRap 发布
10	2010 年	生物打印技术公司 Organovo 公开第一个利用生物打印技术打印完整血管的数据

3. 近期发展（2011—2022 年）

增材制造近期发展如表 1-1-3 所示。

表 1-1-3 增材制造近期发展

序号	时间节点	发展经历
1	2011 年	Kor Ecologic 推出全球第一辆 3D 打印的汽车 Urbee
2	2012 年	来自 MIT 的团队成立 Formlabs 公司，发布了世界上第一台廉价且高精度的 SLA
3	2012 年	中国宣布是世界上唯一掌握大型结构关键件激光成型技术的国家
4	2015 年	Carbon 3D 公司发布连续液态界面制造技术，速度比常规技术快 25~100 倍
5	2016 年	DesktopMetal 发布基于 3DP 技术的桌面金属 3D 打印系统
6	2017 年	SPEE 3D 推出基于超声速 3D 沉积技术（SP3D）的金属 3D 打印系统
7	2018 年	HP 正式发布基于黏结剂喷射的金属打印系统
8	2018 年	GE 公司完成了第 30 000 个增材制造的航空发动机燃油喷嘴
9	2019 年	基于 FDM 工艺的 Markforged 发布镍合金、铜合金材料工艺
10	2019 年	VELO 3D 首创无须支撑的金属 3D 打印技术
11	2020 年	中国搭载 100 多个零件的天问号火星探测器运载火箭发射

续表

序号	时间节点	发展经历
12	2020 年	金属微铸锻同步复合增材制造技术与装备获得国家科技进步奖提名
13	2022 年	3D 打印助力神舟十四号,代替铸造生产发动机部件

二、国内增材制造技术发展趋势

1. 发展趋势

我国高度重视增材制造产业发展,近年来随着增材制造市场应用程度不断深化,增材制造技术在各行业均得到越来越广泛的应用。2017—2020 年,我国增材制造产业规模呈逐年增长趋势。数据显示,2020 年我国增材制造市场规模为 208 亿元,同比增长 32.06%。预计到 2025 年我国 3D 打印市场规模将超过 630 亿元,如图 1-1-3 所示。

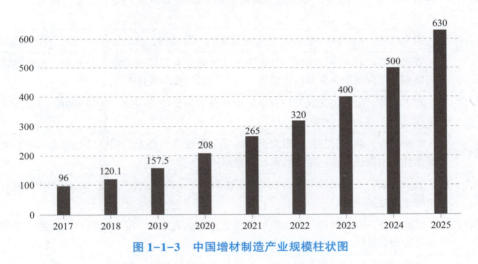

图 1-1-3　中国增材制造产业规模柱状图

经过多年的发展,目前我国增材制造技术不断创新,规模稳步增长,技术体系和产业链条不断完善,且已建立起较为稳定的增材制造产业生态体系和行业竞争格局,呈现出行业整体高速增长,由几家巨头主导,其他设备制造商后起追赶的发展态势。

目前我国增材制造市场主要企业有华曙高科、铼赛智能、联泰科技、铂力特等,如表 1-1-4 所示。

表 1-1-4　我国增材制造市场主要企业竞争优势情况

企业名称	竞争优势
华曙高科	技术优势:公司通过持续自主研发和创新,围绕选区激光熔融(SLM)和选区激光烧结(SLS)领域构建了包括设备、软件、材料、工艺和应用在内的完整技术体系
	产品优势:公司专业聚焦工业级增材制造设备研发、生产与销售,已开发 20 余款金属与高分子工业级 3D 打印设备,并配套 40 余款专用材料及工艺

续表

企业名称	竞争优势
华曙高科	人才优势：公司在自主创新过程中打造、沉淀了一支以许小曙博士为首的多层次、多专业、多学科的创新人才队伍，拥有涵盖国内外设备、材料研发、设计、制造、装配、检测等各领域的专业人员
华曙高科	设备优势：公司设备稳定可靠，搭载自主研发的软件系统，自主可控，安全性高，功能全面，开放程度高，配备可选工艺参数包，开放核心工艺参数，支持第三方材料
铼赛智能	产品优势：目前公司主推 Shape 1+系列、P200 系列、P400 系列和齿科 Shape 1+ Dental 等 3D 打印设备，以及配套的 20 余款高性能光敏树脂，主要面向对性能与可靠度有较高要求的企业用户
铼赛智能	客户优势：公司现累计出货数百台，已在多个领域积累了大量标杆客户案例（如施耐德电气、华为、联想、中科院、同济大学、国网嘉兴研究院、上海九院等）
铼赛智能	研发优势：公司在光固化 3D 打印光学、电气、机械、软件、算法、材料等环节，拥有完整的自主开发能力，可以为不同行业和不同应用场景，提供完整、领先的整体解决方案
铼赛智能	销售优势：RAYSHAPE 已经在全球设立两个分公司，产品销往 30 余个国家和地区
联泰科技	资源优势：联泰科技与国内外的合作伙伴建立有长期成熟的合作机制，在产业的各个层面积累了深厚的人脉和技术资源，具有较强的资源整合能力
联泰科技	资本优势：公司已完成三轮资本融资，资本助推优势突出；2019 年年底正式启动 IPO 工作
联泰科技	机制优势：联泰科技是一家完全市场化运作经营的商业公司，对行业市场具有高度的敏感性，团队性解决问题的特点比较突出
联泰科技	先发优势：是中国较早参与 3D 打印技术应用实践的企业之一，见证了中国 3D 打印技术的整体发展进程
联泰科技	品牌优势：公司目前产业规模位居行业前列，在 3D 打印领域具有广泛的行业影响力和品牌知名度
铂力特	客户优势：公司已与中航工业、航天科工、航发集团、航天科技、中国神华、空中客车等国内外下游应用行业龙头企业建立了稳固的合作关系，涵盖了航空发动机、飞机、航天、兵器、核工业等科研院所和制造厂商
铂力特	经验优势：公司拥有各种型号的金属增材制造设备 90 余台，激光选区熔化设备成型机时累积突破 50 万小时，具有丰富的金属增材制造批量产品工程化应用经验
铂力特	技术优势：公司突破了包括多种工业典型应用材料的增材制造技术工艺，各材料性能数据库完备，实现了相关材料制件的高性能、高精度、复杂结构成型，成型零件产品在表面特性、几何特性、机械特性等关键指标均处于行业先进水平，具有"大（成型尺寸大）""优（品质优良）""特（新材料和特殊结构）""精（高精度）"的特点
铂力特	品牌优势：2020 年 7 月，福布斯 2020 年全球品牌价值 100 强发布，排名第 71 位。2022 年 8 月，入选 2022 年《财富》世界 500 强排行榜，位列第 202 位。2023 年度以 62 983（百万美元）营收，入选 2023 年《财富》美国 500 强排行榜，排名第 63 位

2. 发展前景

2017年10月增材制造作为独立行业列入《国民经济行业分类》，2018年11月国家统计局将增材制造入选《战略性新兴产业分类（2018）》，正式纳入产业分类，促进产业快速长远发展。2020年7月人社部新增了增材制造设备操作员的新职业，这仅仅是增材制造对职业需求的起点，随着增材制造技术的持续快速发展，更多的增材制造职业被需求；2021年教育部专业目录修订增材制造相关专业高职增材制造技术专业和中职增材制造技术应用专业，加快应用性人才培养；2022年6月人力资源社会保障部公示18个新职业，包括增材制造工程技术人员等。

1) 国家政策大力支持

近年来，我国高度重视增材制造技术发展，陆续推出《增材制造产业发展行动计划（2017—2020年）》《"十四五"智能制造发展规划》等一系列产业政策规划，为我国增材制造行业的发展提供了有力支持，有助于推动增材制造行业进入长期快速增长通道。

2) 行业生态体系加速成形

随着行业的发展和应用的深入，围绕增材制造设备、软件、材料、工艺及相关方向逐步形成了行业生态体系，包含增材制造设备的研发、生产，材料的研发、制备，以及去除、回收等工艺及装备，后续加工、精加工、热处理等后处理，与传统加工技术及装备的结合，辅助设计软件、工程处理软件、仿真模拟软件、智能处理软件、云管理平台以及工业化生产和调度的制造执行系统等，各方面充分协同，形成了更系统化的解决方案，推动产业发展。

3) 行业应用场景不断丰富，潜力巨大

近年来，增材制造的应用已在航空航天、汽车、医疗、模具等多个行业领域内取得了重大进展，并逐步扩展到个性化穿戴等与个体联系紧密的领域。相对传统制造业庞大的应用场景，增材制造的应用场景仍有很大潜力待挖掘，未来随着增材制造在更多领域进行推广并在各行业领域内进一步深度普及，增材制造将获得更广阔的增量市场。

4) 行业应用不断深化

随着增材制造技术，尤其是金属增材制造技术的进步，行业开始摆脱只能"造型"的限制，而是与众多传统加工制造技术手段一样，成为现代制造的重要工艺，直接生产终端零部件。航空航天、医疗、汽车、模具等工业领域内，开始采用多台增材制造设备作为生产工具来提供批量化的生产服务，与传统制造融为一体，缩短产品生产周期，降低生产成本和提高产品生产效率。

单元小结与评价

在学生完成本单元学习的整个过程中，教师通过视频、图片、课件等向学生展示增材制造技术的发展历程，让学生进一步明确增材制造技术的发展方向。

教师检查，同学们自查和互查，完成考核评价表。

姓名		组别	
单元考核点		得分	备注得分点
进行增材制造技术发展历史查阅资料的分享，交流沟通能力			
阐述对增材制造技术发展历程的认识			
分析我国增材制造技术发展的现状与方向，家国情怀			

学习单元 3　增材制造技术的应用领域

单元引导

（1）你能举出几个我国应用增材制造技术生产或开展技术攻关的例子吗？

（2）目前我国在飞机上利用增材制造技术（3D 打印技术）制造的产品都是什么材料的？

（3）世界上第一座 3D 打印建筑来自哪个国家？

知识链接

增材制造技术因为其使用的材料和成型方法不同，而且结合其材料的物理和化学属性以及使用的成型方法的加工特点，目前这项技术已被应用于多个行业领域，并且发挥着越来越重要的作用。

一、在航空航天领域的应用

航空航天领域的机器零件，外形复杂多变，材料硬度强度和性能较高，难以加工且零件加工成本较高，而新生代飞行器正在向长寿命、高可靠性、高性能以及低成本的方式发展，采用整体结构模式，趋向复杂大型化是其发展趋势。正是基于此发展趋势，增材制造技术中的电子束或激光的熔融沉积以及选择性烧结成型等加工技术越来越受到航空航天业加工制造商的青睐，如图 1-1-4 所示。

图 1-1-4　增材制造在航空航天领域的应用

在我国，西北工业大学黄卫东教授团队利用 3D 打印技术，钛合金原料成功地"打印"出长 5 m 的飞机机翼前缘，并通过了相关标准测试。国产大飞机 C919 制造的中央翼缘条，便是西北工业大学 3D 打印技术在航空领域应用的典型。

北京航空航天大学的王华明教授主持的"飞机钛合金大型复杂整体构件激光成形技术"项目研制生产出了我国飞机装备中迄今尺寸最大、结构最复杂的钛合金高性能难加工金属关键整体构件。

3D 打印助力神舟十四号，代替铸造生产发动机部件。航天科技六院的 7103 厂生产制造了该火箭所用芯一级发动机、二级发动机、助推器发动机,并采用3D打印技术制造相关零件,实现了发动机更可靠,效率、速度双提升。

二、在汽车零件制造领域的应用

汽车工业是国家经济发展的支柱产业,汽车零件同样也是形状复杂,加工制造难度大,增材制造技术同样也能应用其中。增材制造技术因为缩短产品生命周期、可加工复杂结构等优势被越来越多地应用在汽车行业上。目前,主要应用集中在汽车功能性零部件的原型制造、汽车模具快速制造、汽车零部件直接生产、汽车零部件受损部位修复等四个方面。随着增材制造技术的日益成熟,汽车行业在轻量化、定制化等方面也有所突破,图1-1-5所示为3D打印汽车排气歧管。

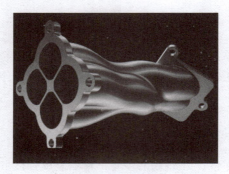

图1-1-5 3D打印汽车排气歧管

车辆外观设计技术需求空间巨大,利用增材制造可有效减少前期设计成本,依据用户、市场的接受程度、产品的功能,便于个性化定制实现模块化打印。但是车辆外观板块规格型号参差不齐,不利于模块数据库建立。

整车零部件从轻量化设计的角度出发,使用碳纤维等级新型材料,可以利用增材制造的直接成型加工而成,而增材制造的成本偏高,如何解决成本与轻量化之间的矛盾,是首要考虑的问题。

随着汽车电动化、智能化、网联化、共享化的四化发展,汽车的外观、内饰、结构等都已发生变化,且这一过程正在加速,往往都是创新的、个性化的、小批量的,而这种情况需要3D打印技术提供足够的支撑和帮助。

为了满足日益变化的客户需求,针对汽车模块的个性化定制将会普及,增材制造能够提供更多样化的打印服务。通过集成应用软件系统,为具有不同需求的汽车用户提供个性化的3D打印服务,进行诸如汽车行业云平台服务、基于网络的个性化制造服务、汽车模块数据库等,实现真正的个性化定制,是增材制造模式与传统大规模制造模式的核心区别,也是增材制造设备及其关键技术最重要的发展方向。

三、在生物医学领域的应用

生物医学领域与人类生活和健康息息相关,随着技术的进步,传统生物医学治疗手段和治疗器械也在不断发生变革,例如增材制造技术融入生物医学领域,带来了前所未有的变化。

　　增材制造技术可以制造出各种生物医学器械，如人工关节、牙齿、假肢等。这些器械可以根据患者的具体情况进行定制，从而提高治疗效果和患者的生活质量。增材制造技术还可以制造出人体组织和器官的模型，用于医学教育和手术。

　　增材制造技术可以制造出各种生物材料，如人工骨骼、软骨、血管等。这些材料可以用于修复和替代受损的组织和器官，从而恢复其功能，如图1-1-6所示。

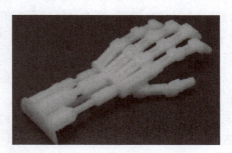

图1-1-6　3D打印医疗模型

四、在建筑领域的应用

　　建筑行业里的设计师，因为传统建造技术的束缚无法将具有创意性和更具艺术效果的作品变为现实，而增材制造技术却能让建筑设计师的创意实现，3D打印技术为建筑设计师提供了更多的创作空间和可能性。设计师可以通过3D建模软件将自己的创意转化为数字化模型，并通过3D打印将其呈现出来。这种创新的设计理念打破了传统的设计和施工方式，使建筑设计更加灵活、多样。3D打印技术采用数字化、模块化、自动化的方式进行制造，可以大大提高生产效率，降低生产成本。此外，通过使用多种材料进行打印，可以实现建筑结构的个性化与功能性相结合，提高建筑的使用寿命和性能，如图1-1-7所示。

图1-1-7　3D打印的建筑模型

2014年3月荷兰建筑师，利用3D打印技术"打印"出了世界上第一座3D打印建筑。2015年9月9日，第一座3D打印酒店在菲律宾落成。在我国，2014年4月，10幢3D打印建筑成功建成于上海张江高新青浦园区等。

五、在军事领域里的应用

　　3D打印应用在武器装备研制中，工程师可以利用3D打印技术根据实际要求进行创意验证和模具制作，对一些特殊、复杂的结构件可以直接打印，同时能有效地实现结构件的轻量化。另外，3D打印数字化可以缩短新型武器的设计研发周期，大幅节省国防开支，并将从本质上提升武器装备的性能与生产效率。

　　现代化军事特点不仅仅是机械化、信息化，还要有快速的创伤修复能力，如战场机械的修复以及辅助工具的帮助，而这些零件和工具在机动性强、变化迅速的战场会变成负担，并且损伤零件的不确定性和辅助工具的不通用性，都会制约战场的作战效率。而增材制造技术可以有效地解决这些问题，因为采用3D打印技术，只要有零件的模型数字数据加上合适的材料，就能"打印"出所需要的零件和工具，完成机器的修复。

单元小结与评价

　　在学生完成本单元学习的整个过程中，教师通过视频、动画、仿真等向学生展示增材制造在各领域中的应用，让学生明确增材制造技术的用途。

　　教师检查，同学们自查和互查，完成考核评价表。

姓名		组别	
单元考核点		得分	备注得分点
分组完成增材制造技术应用案例的整理，具有集体意识、团队协作的精神			
阐述增材制造技术将来的应用方向或领域			
分享对增材制造技术领域发展前景的感受，专业认同感			

学习情境二　增材制造技术典型加工工艺——传统加工工艺的"颠覆者"

情境导入

增材制造技术综合了材料、机械、控制及软件等多学科知识，属于一种多学科交叉的先进制造技术。增材制造成型工艺有很多种，各自具有不同的特点，根据工艺实现方法的不同，目前广泛应用且比较成熟的典型增材制造工艺有以下几类：

（1）片材、板材黏结成型，如叠层实体制造成型（LOM）（图 1-2-1（a））等。

（2）液态树脂光固化成型，如光固化成型（SLA）（图 1-2-1（b））等。

（3）丝材挤出热熔成型，如熔融沉积成型（FDM）（图 1-2-1（c））等。

（4）粉末材料高能束烧结，如选择性激光烧结成型（SLS）（图 1-2-1（d））等。

（5）金属粉末熔化成型，如选择性激光熔融（SLM）（图 1-2-1（e））、电子束熔化成型（EBM）（图 1-2-1（g））等。

（6）液体喷印成型，如三维打印成型（3DP）（图 1-2-1（f））等。

（7）其他成型工艺，如数字光处理快速成型（DLP）（图 1-2-2（h））等。

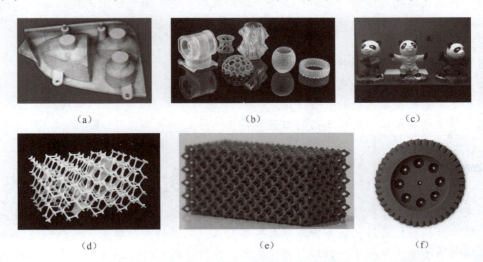

图 1-2-1　增材制造技术典型加工工艺的应用
(a) 叠层实体制造成型（LOM）；(b) 光固化成型（SLA）；(c) 熔融沉积成型（FDM）；
(d) 选择性激光烧结成型（SLS）；(e) 选择性激光熔融（SLM）；(f) 三维打印成型（3DP）；

增材制造技术

(g)　　　　　　　　　　(h)

图 1-2-1　增材制造技术典型加工工艺的应用（续）

(g) 电子束熔化成型（EBM）；(h) 数字光处理快速成型（DLP）

情境目标

知识目标

了解增材制造的工艺种类。

掌握叠层实体制造成型、光固化成型、熔融沉积成型、选择性激光烧结成型、选择性激光熔融等主要增材制造工艺的原理、特点和方法。

了解增材制造技术其他工艺方法。

能力目标

能合理地制定叠层实体制造成型、光固化成型、熔融沉积成型、选择性激光烧结成型、选择性激光熔融等工艺的流程。

能对叠层实体制造成型、光固化成型、熔融沉积成型、选择性激光烧结成型、选择性激光熔融等工艺精度进行分析。

素养目标

培养学生的团队合作精神、交流沟通能力和自主学习能力。

培养学生的探究精神和竞争意识。

培养学生多角度看问题的良好习惯。

培养学生精益求精、一丝不苟的工匠精神。

增材小课堂

"中国 3D 打印之父"——卢秉恒

卢秉恒院士是中国机械制造与自动化领域著名科学家和 3D 打印领域领军人物。他始终坚持瞄准世界科技前沿，服务国家重大战略需求，在高档数控机床、增材制造、微纳制造、生物制造等领域取得了一系列引领性成就。他担任国家增材制造创新中心主任及中国增材制造标准委员会主任，亲自主导我国增材制造技术的发展。

从 20 世纪 90 年代开始，卢秉恒院士就投身于增材制造技术的研发。他带领团队刻苦攻关，最终实现了追赶超越，让我国增材制造技术不仅实现了产业化，更达到了国际领先水平。

卢秉恒院士不仅是一位杰出的科学家，更是一位充满激情和远见的梦想家。他始终相信科技能够改变世界，让人们的生活更加美好。他积极参与各种公益事业，推动增材制造技术在医疗、教育等领域的应用，让更多的人受益于科技的进步。

在追求梦想的道路上，卢秉恒院士也遭遇过许多困难和挑战。他的研究工作需要大量的资金投入和长时间的实验验证，而且成果往往需要经过无数次的失败和挫折才能取得。但是，他从未放弃过自己的梦想，始终保持着坚定的信念和乐观的心态。

卢秉恒院士是一位在工厂一线工作过十余载的熟练工，也是中国增材制造技术的奠基人，被誉为中国3D打印之父。

通过弘扬胸怀祖国、敢为人先、不计得失、严谨求实、努力创新的优秀科学家精神，引导学生学习其独立自主、力克艰辛、致力发展民族工业的爱国主义精神。

"中国3D打印之父"卢秉恒院士

学习单元 1　叠层实体制造工艺

单元引导

（1）叠层实体制造工艺原理。
（2）叠层实体制造工艺的优缺点。

知识链接

叠层实体制造（Laminated Object Manufacturing，LOM）工艺是最成熟的增材制造技术之一，这种制造工艺及设备自问世以来得到快速发展。叠层实体制造工艺多采用薄片材料，如纸、金属、陶瓷等，成本低廉，零件精度高。

一、叠层实体制造工艺原理

叠层实体制造系统由计算机、材料存储及送进机构、热压机构、激光切割系统、可升降工作台、数控系统以及机架等组成，如图1-2-2所示。

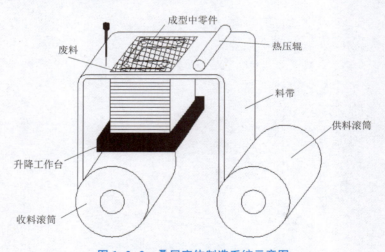

图 1-2-2　叠层实体制造系统示意图

叠层实体制造成型材料为薄片材料，层与层之间的黏结靠的是热熔胶。在具体的成型过程中，首先在工作台上制作基底，工作台下降，供料轴送进一个步距的材料，工作台回升，热轧辊热压背面涂有热熔胶的片材，片材表面事先涂上一层热熔胶，加工时热压辊热压片材，使之与下面已成形的工件粘接。用 CO_2 激光器在刚粘接的新层上切割出零件截面轮廓和工件外框，并在截面轮廓与外框之间多余的区域内切割出上下对齐的网格；激光切割完成后，工作台带动已成形的工件下降，与带状片材（料带）分离；供料机构转动收料滚筒和供料滚筒，带动料带移动，使新层移到加工区域，工作台上升到加工平面；热轧辊热压，工件的层数增加一层，高度增加一个料厚，再在新层上切割截面轮廓，如此反复直至零件的所有截面粘接、切割完，得到叠层制造的实体零件。

二、叠层实体制造工艺流程

叠层实体制造工艺总体上分为数据前处理阶段、分层叠加阶段、后处理阶段三个主要环节，如图 1-2-3 所示。

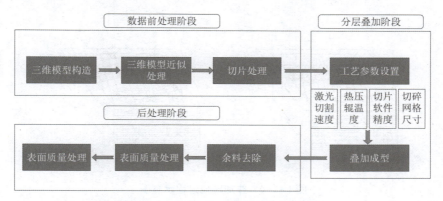

图 1-2-3　叠层实体制造总体工艺流程

1. 数据前处理阶段

首先通过三维软件对产品进行三维建模，然后将所绘制的三维模型转换为 STL 格式，再将 STL 格式导入专用的切片软件进行切片处理。

2. 分层叠加阶段

分层叠加阶段分为工艺参数设置、叠加成型两个步骤。

1）工艺参数设置

工艺参数设置的准确度将直接影响原型制作的精度、速度、质量，其中重要的参数有激光切割速度、热压辊温度、切片软件精度、切碎网格尺寸等。

2）叠加成型阶段

（1）料带移动，使新的料带移到已成型工件部分上方。

（2）工作台往上升，同时热压辊移到已成型工件部分上方，工件顶起新的料带，工作台停止移动，热压辊来回碾压新的薄材材料，将最上面一层新材料与下面已成型的工件部分粘接起来，添加一新层。

（3）系统根据工作台停止的位置，测出工件的高度，并反馈回计算机，计算机根据当前零件的加工高度，计算出三维实体模型的交界面，并将交界面的轮廓信息输入控制系统中，控制 CO_2 激光器沿截面轮廓切割。激光的功率设置在只能切透一层材料的功率值上。轮廓内外面无用的材料，用激光切成方形的网格，以便工艺完成后分离。

（4）工作台向下移动，使刚切下的新层与料带分离，料带移动一段比切割下的工件截面稍长一点的距离，并绕在复卷辊上，如图 1-2-4 所示。

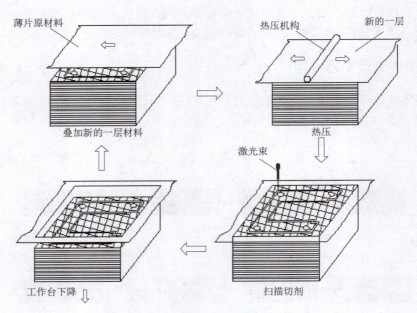

图 1-2-4　叠加成型过程示意图

重复上述过程，直到最后一层，分离掉无用碎片，得到最终产品，如图 1-2-5 所示。

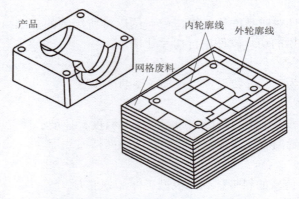

图 1-2-5　三维实体及网格废料

3. 后处理阶段

在叠层实体制造成型设备上，截面轮廓被切割和叠合后所成的制品，其中，所需的工件被废料小方格包围，剔除这些小方格后便可得到工件。

（1）余料去除。余料去除是将成型过程中产生的废料、支撑结构与制件分离。叠层实体制造不需要专门的支撑结构，但是网格状废料通常需要采用手工的方法剥离。

（2）表面质量处理。为了使原型表面状况或机械强度等方面完全满足最终需要，保证其尺寸的稳定性和精度等，还要对原型表面进行修补、打磨、涂漆防潮处理等。

三、叠层实体制造工艺特点

1. 优点

与其他方法相比,叠层实体制造工艺由于其在空间大小、原材料成本、机加工效率等方面独特的优点,得到了广泛的应用。其具体表现为:

(1) 叠层实体制造工艺在成型空间大小方面的优势。叠层实体制造工作原理简单,一般不受工作空间的限制,从而可以采用叠层实体制造工艺制造较大尺寸的产品。

(2) 叠层实体制造工艺在原材料成本方面的优势。相对于叠层实体制造工艺,其他加工系统都对其成型材料有相应要求。例如,光固化成型工艺需要液体光敏树脂材料,选择性激光烧结工艺要求较小尺寸的颗粒形粉材,熔融沉积工艺则需要可熔融的线材。不仅在种类和性能上这些成型原材料有差异,而且在价格上也各不相同,相比较而言叠层实体制造工艺的材料较为便宜。

(3) 叠层实体制造成型工艺在加工效率方面的优势。相对于其他快速成型技术,由于叠层实体制造工艺不需要激光束扫描整个模型截面,只需切割出内外轮廓等,所以加工时间主要取决于零件的尺寸及结构复杂程度,常用于加工内部结构简单的大型物件。

(4) 在打印过程中收缩和翘曲变形较小,无须设计和构建支撑结构,前期处理的工作量较小,原型精度高。

(5) 有较高的硬度和较好的力学性能,可以进行各种切削加工,无须后固化处理。

2. 缺点

(1) 可以应用的原材料种类较少,尽管可选用若干原材料,但目前常用的还是纸质材料。

(2) 工件的抗拉精度和弹性不够好。

(3) 工件易吸湿膨胀变形,打印出来的模型必须立即进行防潮处理,所以成型后必须用树脂、防潮漆涂覆。

(4) 工件表面有台阶纹。

(5) 有激光损耗,并且需要建造专门的实验室,维护费用昂贵。

(6) 材料利用率低,并且废料不能重复使用。

(7) 此种技术很难构建形状精细、多曲面的零件,仅限于结构简单的零件。

三、叠层实体制造成型精度分析

1. 叠层实体制造成型误差分析

(1) 三维 CAD 模型转为 STL 文件造成的误差。

(2) 切片软件针对 STL 文件输入设置造成的误差。

(3) 叠层厚度分布不均。新铺设的一层胶纸被热压后,该胶纸可能不在一个平面上,因为热压过程中会产生比纸大得多的变形,几百层以至于几千层黏胶变形的累积引起叠层厚度分布不均,其厚度差别能达到毫米级。

(4) 激光功率过大造成制件表面损伤。由于叠层块表面不平和机器控制误差,激光功率要调到正好切透一层胶纸是十分困难的,激光功率过小引起废料剥离困难,实际操作时，常将激光功率略微调大，因此，可能损伤制件前一层胶纸表面。

（5）设备精度误差，包括不一致的约束、成型功率控制不当、切碎网格尺寸、工艺参数不稳定等。

（6）打印成型之后环境变化引起的误差，包括温度引起的热变形、湿度引起的湿变形。

（7）叠层的热翘曲变形。胶纸热压之后的冷却过程中，胶、纸的不同热膨胀系数，加上相邻层间不规则的约束，会导致叠层的翘曲变形，在制件内部产生残余应力。

（8）后处理过程中产生的误差。

①温度、湿度的变化引起的误差。叠层块从工作台上取下后，温度下降会引起叠层块进一步翘曲；剥离边框和废料后，制件将吸收空气中的水分而产生吸湿膨胀。如果制件所处的环境（温度、湿度）发生变化，制件会进一步变形。

②不适当的后处理可能引起的误差。通常成型后的制件需要进行打磨和喷涂等处理。如果处理不当，对形状、尺寸控制不严，也可能导致误差。

2. 提高叠层实体原型制作精度的措施

1. 从三维模型转化为 STL 文件时，可以根据零件形状复杂程度来定。在保证成型件形状完整平滑的前提下，尽量避免过高的精度，不同的三维 CAD 软件所用的精度范围也不一样，例如常用的三维建模软件中望 3D、UG NX、Solidwors、Pro/E 等，如果零件细小结构较多，可以将转化精度设置得高一些。

（2）STL 文件输出精度的数值应与相对应的原型制作设备上的切片软件的精度匹配，过高会严重减慢切割速度，过低会引起轮廓切割的严重失真。

（3）控制激光头的方向，激光只能沿垂直于工作台的方向对每一片层进行平面加工，而没有考虑模型在分层方向上的曲率变化，因而实际加工的每一层面都为一个柱体，所以通过控制激光的切割方向，使激光的切割方向能够随着轮廓斜率的改变而改变，使其切割方向与轮廓的斜率方向一致。

（4）将长热压辊分为几个部分，工作台倾斜及分层块上表面不平都会引起热压辊的压力变化，从而影响黏胶压应力的稳定。当热压辊较长时，上述影响更为显著。因此，将长热压辊分成几个部分，有助于改善黏胶压应力的均匀性。

（5）模型的成型方向对工件品质（尺寸精度、表面粗糙度、强度等）、材料成本和制作时间产生很大的影响，一般而言，无论哪种快速成型方法，由于不易控制工件 Z 方向的翘曲变形等原因，工件 X-Y 方向的尺寸精度比 Z 方向的更易保证，应该将精度要求较高的轮廓尽可能放置在 X-Y 平面上。

（6）切碎网格的尺寸设定方法有多种，当原型形状比较简单时，可以将网格尺寸设置的大一些，提高生产效率；当形状复杂或零件内部有废料时，可以采用改变网格尺寸的方法进行设定，即在零件外部采用大网格划分，零件内部采用小网格划分。

（7）采用新材料和新涂胶方法。这是减少制件热湿变形的根本途径，可以从以下两个方面进行。其一，制件热变形的根本原因是纸和胶的热膨胀系数差别大，如果采用两种热膨胀系数相近的复合材料将有利于减小热变形；其二，改进黏胶的涂覆方法，涂覆在纸上的黏胶可以为薄膜状或颗粒状，薄膜状的黏胶在降温时呈整体收缩，热应力大，从而使制件翘曲变形较大；颗粒状的黏胶在降温收缩时，相互影响较小，所以制件翘曲变形较小，不易开裂，采用高压静电喷涂法，可以获得高品质的颗粒状黏胶。

（8）改进后处理方法。一是加压冷却叠层块。成型后，对叠层块施加一定的压力，待其充分冷却后再撤除压力，这样可以控制叠层块冷却时产生的热翘曲变形。在成型过程中，如有较长时间的间隔，也应对叠层块加压，使其上表面始终保持平整，有助于预防继续成型时产生的开裂。二是充分冷却后再剥离。成型后，不立即剥离，而让制件在叠层块内冷却，使废料可以支撑制件，减少因制件局部刚度不足和结构复杂引起的较大变形。

（9）处理湿胀变形的一般方法是涂漆，为考察原型的吸湿性及涂漆的防湿效果，选取尺寸相同的通过快速成型机成型的长方形叠层块经过不同处理后，置入水中 10 min 进行实验，校验其尺寸和质量的变化情况。未经任何处理的叠层块对水分十分敏感，在水中浸泡 10 min，叠层方向便涨高 45 mm，水平方向的尺寸也略有增长，吸入水分的质量达 164 g，说明未经处理的叠层实体制造原型是无法在水中进行使用的，或者在潮湿环境中不宜存放太久。为此，将叠层块涂上薄层油漆进行防湿处理，从实验结果看，涂装起到了明显的防湿效果。在相同浸水时间内，叠层方向仅增长 3 mm，吸水质量仅 4 g。当涂刷两层漆后，原型尺寸已得到稳定控制，防湿效果已十分理想。

四、叠层实体制造应用

快速原型制造技术仅有十几年的发展历史，早期的研究主要集中于开发快速原型的构造方法及其商品化设备上，随着快速原型制造设备的日趋完善和市场的强烈需求，近期研究的热点便转向开发快速原型的应用领域和完善制作工艺，提高原型制作质量，叠层实体制造工艺的应用领域也正在不断扩展。

叠层实体制造成型工艺曾经是最成熟的快速成型制造技术之一，这种制造方法和设备自问世以来，得到了迅速发展。由于薄材叠层实体制造成型工艺多使用纸材，成本低廉，制件精度高，而且制造出来的木质原型具有外在的美感性和一些特殊的品质，因此受到较为广泛的关注，在产品概念设计可视化、造型设计评估、装配检验、熔模铸造型芯、砂型铸造木模、快速制作母模以及直接制模等方面得到迅速应用。

1. 产品概念设计可视化和造型设计评估

产品开发与创新是把握企业生存命脉的重要经营环节，过去所沿用的产品开发模式是指产品开发、生产、市场开拓三者逐一开展，主要问题是将设计缺陷直接带入生产，并最终影响产品的市场推广及销售，叠层实体制造工艺可以解决这一问题，也就是将产品概念设计转化为实体，为设计开发提供了充分的感性参考。大体说来，可以发挥以下作用：

（1）为产品外形的调整和检验产品各项性能指标是否达到预想效果提供依据。

（2）检验产品结构的合理性，提高新产品开发的可靠性。

（3）用样品面对市场，调整开发思路，保证产品适销对路，使产品开发和市场开发同步进行，缩短新产品投放市场的时间。

2. 产品装配检验

当产品各部件之间有装配关系时，就需要进行装配检验，而图纸上所反映的装配关系不直接，很难把握，叠层实体制造可以将图纸变为实体，其装配关系显而易见。

3. 熔模铸造型芯

叠层实体制造在精密铸造中用作可废弃的模型，也就是说可以作为熔模铸造的型芯。

由于在燃烧时实体不膨胀，也不会破坏壳体，所以在传统的壳体铸造中，可以采用此种技术。

4. 砂型铸造木模

传统砂型铸造中的木模主要是由木工手工制作的，其精度不高，而且对于形状复杂的薄壁件根本无法实现，叠层实体制造工艺则可以很轻松地制作任何复杂的实体形状，而且完全可以达到高精度要求。

5. 叠层实体制造原型在制鞋业中的应用

当前国际上制鞋业的竞争日益激烈，而美国 Wolverine World Wide 公司无论在国际还是美国国内市场都一直保持着旺盛的销售势头，该公司鞋类产品的款式一直保持着快速的更新，时时能够为顾客提供高质量的产品，而使用 PowerSHAPE 软件叠层实体制造快速成型技术是该公司成功的关键。

单元小结与评价

在学生完成本单元学习的整个过程中，教师通过视频、动画、图片等向学生展示叠层实体制造工艺原理、流程、特点、误差分析以及提高精度的措施。

教师检查，同学们自查和互查，完成考核评价表。

姓名		组别	
单元考核点		得分	备注得分点
阐述叠层实体制造的工作原理			
分组总结叠层实体制造工艺的优点和缺点			
分享对叠层实体制造工艺的认识			
分组分析叠层实体制造工艺的误差及提高精度的措施，团队合作精神			

学习单元 2　光固化成型工艺

单元引导

（1）光固化成型工艺又称为_____、_____，简称_____。
（2）光固化成型工艺流程。

知识链接

光固化成型工艺又称为立体光刻成型、光敏液相固化法成型，英文名称为 Stereo Lithography，简称 SL，也被简称为 SLA（Stereo Lithography Apparatus），该工艺最早是由 Charles Hull 申请专利，是最早发展起来的快速成型技术，已经成为目前世界上研究最深入、技术最成熟、应用最广泛的一种快速成型工艺方法。

光固化成型工艺以光敏树脂为原料，利用光能的化学和热作用使光敏树脂材料固化，该工艺工作平台位于液面之下，成型作业时，聚焦后的激光束或紫外光光点在液面上按计算机指令由点到线，由线到面的逐点扫描，扫描到的地方光敏树脂液被固化，未被扫描的地方仍然是液态树脂。

一、光固化成型工艺基本原理

光固化成型工艺原理如图 1-2-6 所示，液槽中盛满液态光敏树脂，氦-镉激光器或氩离子激光器发出的紫外激光束在控制系统的控制下按零件的各分层截面信息在光敏树脂表面进行逐点扫描，使被扫描区域的树脂薄层产生光聚合反应而固化，形成零件的一个薄层。一层固化完毕后，工作台下移一个层厚的距离，以使在原先固化好的树脂表面再敷上一层新的液态树脂，刮平器将黏度较大的树脂液面刮平，然后进行下一层的扫描加工。新固化的一层牢固地粘接在前一层上，如此重复直至整个零件制造完毕，得到一个三维实体模型。当实体原型完成后，首先将实体取出，并将多余的树脂排净，之后去掉支撑，进行清洗，然后再将实体原型放在紫外激光下整体后固化。

因为光敏树脂材料高黏性，在每层固化之后，液面很难在短时间内迅速流平，这将会影响实体的精度。采用刮平器刮切后所需数量的树脂便会被十分均匀地涂敷在上一叠层上，这样经过激光固化后可以得到较好的精度，使产品表面更加光滑和平整。

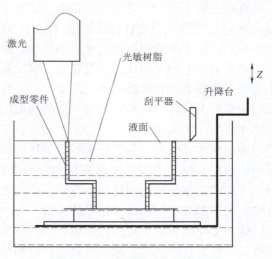

图 1-2-6　光固化成型工艺原理

二、光固化成型工艺流程

光固化的工艺流程一般包括：前期数据处理、创建 CAD 模型、模型的面化处理、设计支撑、模型切片分层、成型加工、后处理。

1. 前期数据准备，为工件原型制作准备数据

1）造型与数据模型转换

利用相关的三维软件绘制出产品的三维模型，三维模型是快速原型制作必需的原始数据源，三维模型可以在 UG、Solidworks、中望 3D、Inventor 等软件上完成。

数据转换主要是对产品三维模型做近似处理，生成 STL 数据文件，STL 数据处理实际上就是采用若干小三角形片来逼近模型的外表面，在生成 STL 数据文件过程中要进行精度控制。

2）确定摆放方位

使用光固化工艺打印产品过程中，摆放位置的处理也是十分重要的，不仅影响工件的制作效率，更对后续支撑的施加以及工件的表面质量有着重要影响，因此，工件摆放方位的确定需要综合考虑上述各种因素。

一般情况下，从缩短工件加工时间提升加工效率来看，应该选择尺寸最小的方向作为叠层方向。但是有时为了提高工件制作质量以及提高工件某些关键尺寸和形状的精度，需要将最大的尺寸方向作为叠层方向摆放。有时为了减少支撑，以便更好地节省材料同时后处理更加方便，也经常采用倾斜摆放。确定摆放方位以及后续的施加支撑和切片处理等都是在分层软件系统上实现的。

3）施加支撑与切片分层

光固化成型工艺原理决定了打印过程中一定需要支撑结构，支撑结构使用与零件相同的材料打印，并且在打印后需要手动移除。零件打印的方向决定了支撑的位置和数量。打印摆放是要对零件合理定向，使视觉关键表面不要与支撑结构接触。

自上而下和自下而上的光固化成型设备使用支撑的方式有所不同：

在自上而下的光固化成型设备中，需要使用支撑来精确打印悬垂和桥（临界悬垂角通常为 30°）。零件可以在任何位置进行定向，但不同的定向方式，会导致打印时间和产品质量的不同，通常将它们打印成平坦的形状，以最大限度地减少支撑量和总层数。

在自下而上的光固化成型设备中，情况更加复杂。仍然需要支撑悬垂物和桥，但是最小化每层的横截面积是最关键的考虑因素，在剥离步骤中施加到零件上的力可能导致零件从构建平台上脱离。这些力与每一层的横截面积成正比，因此，零件以一定角度定向，减少支撑成为主要问题。

确定摆放方位后，为了保证后续制作的顺利开展，需要根据三维模型的具体结构施加支撑。施加支撑是光固化快速原型制作前处理阶段的重要工作。对于结构复杂的数据模型，支撑的施加需要做到精细，有时需要的时间比较长，支撑施加的好坏将直接影响着工件原型制作的成功与否以及制作的质量。

施加支撑既可以手工进行，也可以软件自动添加，软件自动添加的支撑，还需要人工核查，并根据具体的形状进行必要的修改和删减。为了便于后续打印中支撑的处理及获得优良的表面质量，一般选用的支撑类型为点支撑，即支撑与模型面之间是点接触。支撑在快速成型制作中与工件原型同时制作，支撑结构除了确保原型的每一结构部分都能可靠牢固之外，还有助于减少原型在制作过程中发生的翘曲变形。

支撑施加完毕后，根据设备系统设定的分层厚度沿着高度方向进行切片，生成快速成型系统需求的 STL 格式数据文件，提供给光固化快速原型制作系统，进行原型制作。

2. 原型制作过程

（1）控制打印网板下沉到树脂液面下一定高度，使网板上覆盖一层材料。

（2）电脑控制激光器和振镜，利用 UV 激光扫描当前需打印的零件截面，把需要打印的部分材料从液体固化为固体。

（3）扫描完成后，网板下沉一定高度，刮刀涂铺一层材料（主要作用是刮平和大平面材料填充），重复步骤（2）直至打印完成。

（4）打印完成后，取出打印产品，需要无水乙醇清洗和紫外光二次固化。

3. 光固化成型工艺的特征

光固化成型的打印材料为液态光敏树脂，在固化过程中，组成液态树脂的单体碳链会被 UV 激光激活并变为固态，从而在彼此之间形成牢固的不可破坏的键。光聚合过程是不可逆的，因此无法将光固化零件转换回液态，加热时它们会燃烧而不是熔化。

光固化工艺中的打印层高在 25~100 μm，较低的层高度可以更准确地捕获弯曲的几何形状，但会增加构建时间（和成本）以及打印失败的可能性。100 μm 的层高适用于大多数常见应用。

构建面积是对设计师很重要的另一个参数，构建大小取决于光固化成型设备的类型。

4. 后处理

在快速成型系统中原型制作完毕后，需要进行剥离等后续处理工作，以便去除废料和支撑结构，对于采用光固化成型方法成型的原型，还需要进行后期固化处理等。

1）模型取出、清洗

从光固化成型设备托盘上用铲刀将模型+支撑整体取出，放入托盘容器。因为大部分光固化成型设备打印完成的模型都是完全浸泡在液态树脂原材料中的，所以当打印模型从设备中取出来时，模型被未固化的树脂完全覆盖。必须将其冲洗干净，再进行下面的步骤。

清洗过程可以使用超声波清洗机，这是一种简单高效的方法。在超声波清洗机中加入异丙醇完全覆盖模型，打开超声波清洗功能，几分钟时间就能将模型表面的树脂完全去除干净。取出模型烘干得到光滑、干净的模型。

2）支撑拆除

在模型制作过程中有一些镂空位置需要设置支撑结构，接下来便是去除这些支撑结构。在这个过程中，如果对模型表面的光洁度和完整度要求不高，用手直接破坏掉支撑结构是最快捷的方式。但是，如果需要很好的表面光洁度、完整度，最好是用锋利的斜口钳或者切割器小心地去除支撑结构。两种去除方式，都会在打印件上会留下小凸点，这就需要在固化后进行打磨处理了。

3）后期固化

去除支撑结构的模型还没有达到模型最坚硬的状态，所以需要放入固化箱内，固化 10~15 min，然后把模型翻转再次固化 10 min 左右。

4）打磨处理

固化后的模型硬度得到很大提升，但在去除支撑的位置留下了一些凸点，为了得到完整的光固化模型，需要打磨处理。如果要在打印的模型上进行上色、电镀或者喷漆等处理，那就要对打印的模型进行精细的抛光打磨，打磨完成的模型看起来不能有任何层纹，整体会更加完美，打磨时砂纸需要沾水打磨，这样打磨的模型光洁度更高，效率也更高。

四、光固化工艺特点

1. 优点

（1）光固化成型是最早出现的快速原型制造工艺，成熟度高，经过了时间的检验。

（2）成型速度较快，可以制作结构十分复杂的模型（复杂的内部结构、中空结构等）。

（3）系统工作稳定，分辨率较高。

（4）尺寸精度高，可以确保工件的尺寸精度在 0.1 mm，目前国内光固化成型精度在 0.1~0.3 mm，且存在一定的波动性。

（5）表面质量较好，工件的最上层表面很光滑，侧面可能有台阶不平及不同层面的曲面不平，适合做小件、精细件、复杂件。

（6）工件柔韧性好，光敏树脂成型的工件质地可以通过调节光照强度控制其成型后的软硬程度，这样便可获取最佳柔韧性的3D打印工件。

2. 缺点

（1）光固化成型设备需要保证室内一定的温度、湿度，维护费用高昂。

（2）成型件需要后处理，需要用高浓度酒精等清洗，并使用后处理固化箱进行二次固化、防潮处理等，同时成型件多为树脂类，强度、刚度、耐热性有限，不利于长时间保存。

（3）光敏树脂固化后较脆，易断裂，可加工性不好，工作温度不超过 100 ℃，成型件易吸湿膨胀，抗腐蚀能力不强。

（4）光敏树脂对环境有污染，使皮肤过敏。

（5）在打印过程中需要对整个截面进行扫描固化，成型时间较长，因此制作成本相对较高。

（6）由于光敏树脂为液态材料，为了保证产品顺利成型，在进行模型设计时，有时需要设计产品的支撑机构，确保产品在成型过程中制作的每一个结构都能可靠定位，支撑结构在后处理过程中，需要在未完全固化时手工去除，容易破坏成型件。

（7）该工艺适合于对产品精度要求高的场合（如翻模等），但制件力学性能比较差，不适合作为功能件。

五、光固化成型工艺最新进展

1. 软件技术

随着越来越多的原型要在快速成型机上加工，快速成型设备数据处理软件的性能在提高工作效率、保证加工精度等方面变得越来越重要。因为虽然快速成型机的加工过程是自动进行，不需要人工干预，但快速成型的数据处理却要由人来完成，特别是由于目前通行的 STL 文件总存在这样那样的问题，当操作员手中有大量的原型要在短时间内加工出来时，数据处理就成了瓶颈，并且稍有疏漏，可能会导致一批零件的加工失败。

数据处理应具备如下基本功能：STL 文件的修补；多个加工文件的定位、定向；支撑设计；切片操作。

2. 激光技术的进步使成型速度大幅度提升

成型速度是光固化成型设备的重要指标，从设备的角度而言，激光功率是影响成型速度的主要因素。光固化的成型速度一般用每小时成型的原型质量来衡量，初期采用 325 nm 的氦镉激光器的光固化成型设备激光功率较低（50 mW 左右），一般的成型速度在 20 ~ 30 g/h。351 nm 的氯离子紫外激光器虽然能输出较高功率的激光，但却有体积大、对水、电需求严格等缺点。目前，工作波长为 355 nm 的半导体泵浦固体激光器（DPSS）的发展迅速改变了这种状况，成为光固化快速成型系统的理想光源。新型的半导体泵浦固体紫外激光器输出功率在 100 mW 以上，甚至超过 1 W，扫描速度接近了偏振镜扫描系统的极限，从而使成型速度提高一倍以上，达到 50 ~ 100 g/h。固体激光器的另一个优点是寿命大大增加，可接近或超过 10 000 h，而且激光器的再生费用也较低，从而大大降低了设备的使用成本。成本更低、稳定性更高、使用寿命更长是对紫外固体激光器发展的要求。

3. 成型机、电、控制系统不断完善，使稳定性、加工质量和效率不断提高

光固化成型过程类似搭建空中楼阁，局部的加工缺陷会造成整个加工过程的失败，具有天然的脆弱性，因而设备的稳定性至关重要。提高设备的稳定性要从光、机、电、软件各部分着手。新的光固化成型设备采用先进的真空吸附涂层系统，使大平面的涂层可靠性大大提高，并且完全消除了气泡，整个涂层时间也大大缩短；成型设备的电气系统采用 PLC 控制，稳定性和可靠性得到保证；控制软件可根据激光功率的变化自动调节工艺参数，因而整机性能得到大幅提升。

六、光固化成型工艺误差分析

1. 前期数据处理误差

由于光固化成型设备所接收的是模型的轮廓信息，所以加工前必须对其进行数据转换，即生成 STL 格式文件。1987 年，3D Systems 公司对任意曲面 CAD 模型做小三角形平面近似过程中，开发了 STL 文件格式，并由此建立了从近似模型中进行切片获取截面轮廓信息的统一方法。

由于产品含有许多不规则的曲面，在加工之前需要对产品三维 CAD 模型曲面近似处理。STL 文件格式受到越来越多的 CAD 系统和设备的支持，其优点是大大简化了 CAD 模型的数据格式，是 CAD 系统与快速成型系统之间的数据交换标准，它便于在后续分层处理时获取每一层片实体点的坐标值，以便控制扫描镜头对材料进行选择性扫描。因此，被工业界认为是快速成型数据的准标准，目前几乎所有类型的快速成型系统都采有 STL 数据格式，极大地推动了快速成型技术的发展，但是三维模型在进行 STL 文件格式转化过程中，是用小三角形平面近似拟合模型表面，尤其对于曲面而言，STL 格式文件中的曲面是近似曲面，在拟合过程中会产生一定的误差。

对三维模型进行数据处理，误差主要产生于三维 CAD 模型的 STL 文件输出和对此 STL

文件的分层处理两个过程中。

1）文件格式转换误差

STL文件的数据格式是采用小三角形来近似逼近三维CAD模型的外表面，小三角形数量的多少直接影响着近似逼近的精度。显然，精度要求越高，选取的三角形应该越多，一般三维CAD系统在输出STL格式文件时都要求输入精度参数，也就是用STL格式拟合原CAD模型的最大允许误差，这种文件格式将CAD连续的表面离散为三角形面片的集合，当实体模型表面均为平面时不会产生误差，但对于曲面而言，不管精度怎么高，也不能完全表达原表面，这种逼近误差不可避免地存在。

2）分层处理对成型精度的影响

分层处理产生的误差属于原理误差，分层处理以STL文件格式为基础，先确定成型方向，通过一簇垂直于成型方向的平行平面与STL文件格式模型相截，所得到的截面与模型实体的交线再经过数据处理生成截面轮廓信息，平行平面之间的距离就是分层厚度，由于每一切片层之间存在距离，因此切片不仅破坏了模型表面的连续性，而且不可避免地丢失了两切片层间的信息，这一处理造成分层方向的尺寸误差和面型精度误差。

（1）进行分层处理时，确定分层厚度后，如果分层平面正好位于顶面或底面，则所得到的多边形恰好是该平面处实际轮廓曲线的内接多边形；如果分层平面与此两平面不重合，即沿切层方向某一尺寸与分层厚度不能整除时，将会引起分层方向的尺寸误差。

（2）为了获得较高的面型精度，应尽可能减小分层厚度，但是分层数量的增加使制造效率显著降低，同时层厚太小会给涂层处理带来一定的困难，另外，自适应性切片分层技术能够较好地提高面型精度，是解决这一问题较为有效的途径。

3）阶梯误差分析

当对异形面进行分层时，由于下层比上层长度大，因此，相邻两个层片间一定存在间距，从而在制件表面上形成"阶梯效应"，此效应属于加工原理性误差，不能避免，同时分层厚度越大，"阶梯效应"越明显，从而制件表面粗糙度也会增大，曲面精度下降。

4）涂层厚度对光固化成型精度的影响

在光固化成型过程中要保证每一层铺涂的树脂厚度一致，当聚合深度小于层厚时，层与层之间将粘合不好，甚至会发生分层；如果聚合深度大于层厚，那么将引起固化，而产生较大的残余应力，引起翘曲变形，影响光固化成型精度。在扫描面积相等的条件下，固化层越厚，固化的体积越大，层间产生的应力就越大，故而为了减小层间应力，就应该尽可能地减少单层固化深度，以减小固化体积。

2. 成型加工误差

1）机器误差

机器误差是成型设备本身的误差，它是影响制件精度的原始误差，机器误差在成型系统的设计及制造过程中就应尽量减小，因为它是提高制件精度的硬件基础。

（1）工作台Z方向运动误差。工作台Z方向运动误差直接影响堆积过程中的层厚精度，最终导致Z方向的尺寸误差；而工作台在垂直面内的运动直线度误差宏观上产生制件的形状位置误差，微观上导致表面粗糙度增大。

（2）XY方向同步带变形误差。X、Y扫描系统采用X、Y二维运动，由步进电机驱动同步齿形带并带动扫描镜头运动，在定位时，由于同步带的变形，会影响定位精度，常用的方法是采用位置补偿系数来减小其影响。

（3）XY方向定位误差扫描过程中，XY扫描系统存在以下问题。

①系统运动惯性力的影响。对于采用步进电机的开环驱动系统而言，步进电机本身和机械结构都影响扫描系统的动态性能，XY扫描系统在扫描换向阶段，存在一定的惯性，使扫描头在零件边缘部分超出设计尺寸的范围，导致零件的尺寸有所增加，同时扫描头在扫描时，始终处于反复加速减速的过程中，因此，在工件边缘，扫描速度低于中间部分，光束对边缘的照射时间要长一些，并且存在扫描方向的变换，扫描系统惯性力大，加减速过程慢，致使边缘处树脂固化程度较高。

②扫描机构振动的影响。成型过程中，扫描机构对零件的分层截面作往复填充扫描，扫描头在步进电机的驱动下本身具有一个固有频率，由于各种长度的扫描线都可能存在，所以在一定范围内的各种频率都有可能发生，当发生谐振时，振动增大，成形零件将产生较大的误差。

2）光固化成型误差

（1）光斑直径产生的误差。

在光固化成型过程中，成型用的光点是一个具有一定直径的光斑，因此实际得到的工件形状是光斑运行路径上一系列固化点的包络线形状。如果光斑直径过大，那么有时会丢失较小尺寸的零件细微特征，如在轮廓拐角进行扫描时，拐角特征很难成型出来。聚焦到液面的光斑直径大小及光斑形状会直接影响加工分辨率和光固化成型精度。

这一固化成型特点，使所做出的零件实体部分实际上每侧大了一个光斑半径，零件的长度尺寸大了一个光斑直径，使零件产生正偏差，虽然控制软件中采用自适应拐角延时算法，但由于光斑直径的存在，必然在其拐角处形成圆角，导致形状钝化，降低了制件的形状精度，而使一些小尺寸制件无法加工。由上述分析可知，如果不采用光斑补偿，将使制件产生正偏差，为了消除或减小正偏差，实际上采用光斑补偿，使光斑扫描路径向实体内部缩进一个光斑半径。从理论上说，光斑扫描按照向实体内部缩进一个光斑半径的路径扫描，所零件的长度尺寸误差为零。

（2）光固化成型过程中，树脂收缩变形。

液态光敏树脂是一种高分子聚合物，通过吸收光源中光子产生光聚合反应，使单体聚合为大分子。随着分子之间距离缩短，分子间剪切强度提高，液体很快变为固体。树脂从液态到固态的聚合反应过程中要产生线性收缩和体积收缩（一般树脂收缩率为6%~8%），而线性收缩将导致在层堆积时产生层间应力，这种层间应力使零件变形、翘曲；体积收缩表现为零件表面各点在近似于面法线方向上，向体内偏移，在成型固化及二次固化中都会发生，而导致整个制件尺寸变化和形状位置变化，使精度降低。这种变形的机理较为复杂，与材料本身的特性（如树脂成分、光敏性、聚合反应的速度）、光照强度及分布、扫描参数（扫描速度、扫描方式、扫描间距等）有关。

（3）激光功率、扫描速度、扫描间距产生的误差。

光固化成型过程是一个"线~面~体"的材料累积过程，为了分析扫描过程中工艺参数（激光功率、扫描速度、扫描间距）产生的误差，需要对扫描固化过程进行理论分析，进而找出各个工艺参数对扫描过程的影响。

3. 后处理产生的误差

从成型设备上取出已成型的工件后，需要进行剥离支撑结构，有的还需要进行后固化、修补、打磨、抛光和表面处理等，这些工序统称为后处理，这类误差可分为以下几种：

（1）工件成型完成后，去除支撑时，可能对表面质量产生影响，所以支撑设计要合理，不多不少。支撑的设计与成型方向的选取有关，在选取成型方向时，要综合考虑添加支撑要少，并便于去除等。

（2）由于温度、湿度等环境状况的变化，工件可能会继续变形并导致误差，并且由于成型工艺或工件本身结构工艺性等方面的原因，成型后的工件内总或多或少地存在残余应力，这种残余应力会由于时效的作用而全部或部分地消失，这也会导致误差，由此，设法减小成型过程中的残余应力有利于提高零件的成型精度。

（3）制件的表面状况和机械强度等方面还不能完全满足最终产品的要求，例如制件表面不光滑，其曲面上存在因分层制造引起的小台阶、小缺陷，制件的薄壁和某些小特征结构可能强度不足，尺寸不够精确，表面硬度或色彩不够满意。采用修补、打磨、抛光是为了提高表面质量，表面涂覆是为了改变制品表面颜色提高其强度和其他性能，但在此过程中若处理不当会影响原型的尺寸及形状精度，产生后处理误差。

七、光固化成型工艺的应用

1. 制造业方面

光固化成型工艺可以在无须准备任何模具、刀具和工装卡具的情况下生产出任意复杂形状三维物理实体，由此，光固化成型技术在制造业中具有重要的应用潜力。它可以快速制造出复杂的零件和模具，极大地提高生产效率和生产周期。光固化成型工艺还可以与传统制造工艺相结合，实现定制化生产和精密制造，为制造业带来了全新的发展机遇。

通过快速熔模制造、翻砂铸造等辅助技术，光固化成型工艺可以用于复杂零件（如叶轮）的小批量生产，并进行发动机等部件的试制和试验。利用传统工艺制造母模，成本较高且制作时间长，采用光固化成型工艺可以直接制作熔模铸造的母模，时间和成本显著降低。

2. 医疗领域方面

光固化成型工艺在医疗领域的应用前景广阔，它可以打印出精确的医疗模型、假肢和牙齿矫正器等，有助于医疗行业的个性化治疗和手术，通过根据患者个体化的特征进行3D打印，可以大幅提高手术的精确性和成功率。此外，光固化成型工艺还有望在肝脏、心脏等器官的生物打印方面实现突破，为医疗诊断和治疗带来革命性的改变。

3. 建筑领域方面

光固化成型工艺在建筑领域也开始崭露头角，它可以通过连续固化打印出建筑材料，实现灵活性和定制化设计。这种技术可以大幅减少施工时间和人工成本，同时还能够创造出复杂曲面和独特造型的建筑物。

4. 航空航天领域方面

光固化成型工艺在航空航天领域具有广阔的应用前景，它可以打印出轻量化、高强度的零部件和复杂结构，提高航空器的性能和可靠性。

5. 其他领域方面

（1）文化艺术行业：光固化成型设备可以制造高精度的艺术品、文物复制品等，用于展览、文化遗产保护等。

（2）珠宝行业：光固化成型设备可以制造精密的珠宝模型和样品，提高珠宝设计和生产的效率和精度。

（3）眼镜行业：光固化成型设备可以制造高度定制化的眼镜框架，提高眼镜的舒适性和外观。

光固化成型工艺的进步和应用带来了巨大的发展潜力，它不仅加速了制造过程，还实现了定制化生产和精密制造，随着技术的不断创新，相信光固化成型工艺在未来的发展中会发挥更重要的作用，并在更多领域带来革命性的改变。

单元小结与评价

在学生完成本单元学习的整个过程中，教师通过视频、动画、仿真、图片等向学生展示光固化成型工艺原理、流程、特点以及不同种类的误差分析，讲述了光固化工艺的应用领域。

教师检查，同学们自查和互查，完成考核评价表。

姓名		组别	
单元考核点		得分	备注得分点
对光固化成型工艺的发展历史所查阅的资料进行分享			
阐述光固化成型工艺的原理、流程			
分组分析光固化成型工艺的误差			
分组探讨光固化成型工艺的应用领域			
精益求精、一丝不苟的精神			

学习单元 3　熔融沉积成型工艺

单元引导

（1）熔融沉积成型工艺的概念。
（2）熔融沉积成型工艺原理。
（3）熔融沉积成型工艺流程。

知识链接

熔融沉积成型（Fused Deposition Modeling，FDM）工艺是继光固化成型工艺和叠层实体制造成型工艺后的另一种应用比较广泛的快速成型工艺。该技术是当前应用较为广泛的一种3D打印技术，同时也是最早开源的3D打印技术之一。

一、熔融沉积成型工艺原理

熔融沉积又叫熔丝沉积，工艺原理类似于热胶枪，它是将丝状的热熔性材料加热熔化，通过带有一个微细喷嘴的喷头挤喷出来。喷头在计算机的控制下，可根据制件界面轮廓的参数在 X、Y 方向的平面运动，工作台则沿 Z 轴方向（垂直方向）移动。如果热熔性材料的温度始终稍高于固化温度，而成型部分的温度稍低于固化温度，那么就能保证热熔性材料喷出喷嘴后，即与前一层面熔结在一起。一个层面沉积完成后，工作台按预定的增量下降一个层的厚度，再继续熔喷沉积，直至完成整个实体造型，如图1-2-7所示。

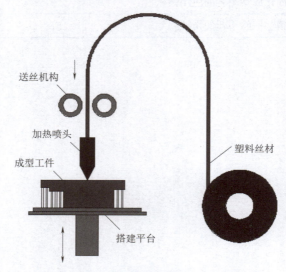

图1-2-7　熔融沉积成型工艺原理

将实芯丝材原材料缠绕在供料辊上，由电机驱动供料辊旋转，供料辊和丝材之间的摩擦力使丝材向喷头的出口送进。在供料辊与喷头之间有一个导向套，导向套采用低摩擦材料制成，以便丝材能顺利、准确地由供料辊送到喷头的内腔（最大送料速度为 10～25 mm/s，推荐速度为 5～18 mm/s）。喷头的前端有电阻丝式加热器，在其作用下，丝材被加热熔融（熔模铸造蜡丝的熔融温度为 74 ℃，机加工蜡丝的熔融温度为 96 ℃，聚烯烃树脂丝为 106 ℃，聚酰胺丝为 155 ℃，ABS 塑料丝为 270 ℃），然后通过出口（内径为 0.25～1.32 mm，随材料的种类和送料速度而定），涂覆至工作台上，并在冷却后形成界面轮廓。由于受结构的限制，加热器的功率不可能太大，因此丝材一般为熔点不太高的热塑性塑料或蜡。丝材熔融沉积的层厚随喷头的运动速度（最高速度为 380 mm/s）而变化，通常层厚为 0.15～0.25 mm。

熔融沉积成型工艺在原型制作时需要同时制作支撑，为了节省材料成本和提高沉积效率，新型熔融沉积成型工艺设备采用了双喷头，如图 1-2-8 所示。一个喷头用于沉积模型材料，一个喷头用于沉积支撑材料。一般来说，模型材料丝精细且成本较高，沉积的效率也较低。而支撑材料丝较粗且成本较低，沉积的效率也较高。双喷头的优点除了沉积过程中具有较高的沉积效率和降低模型制作成本以外，还可以

图 1-2-8 双喷头 FDM 设备

灵活地选择具有特殊性能的支撑材料，以便于后处理过程中支撑材料的去除，如水溶材料、低于模型材料熔点的热熔材料等。

二、熔融沉积成型工艺流程

熔融沉积成型工艺具体的工艺流程与叠层实体制造工艺、光固化成型工艺等其他几种快速成型工艺类似，主要分为前处理、成型制作、后处理三个阶段，如图 1-2-9 所示。

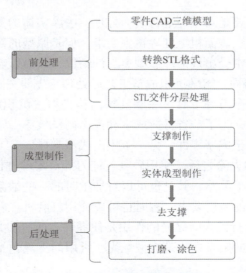

图 1-2-9 熔融沉积成型工艺流程

1. 前处理

（1）三维模型建立。

①利用三维建模软件进行三维 CAD 模型设计，根据产品的要求，利用计算机辅助软件进行三维建模，设计出产品三维 CAD 模型。

②通过三维扫描仪逆向工程建模。三维扫描仪逆向工程建模是通过扫描仪先对实物进行扫描，得到三维数据，然后进行数据处理，包括去除噪声点、数据插补、数据平滑、数据精简、数据分割、多视点云的对齐等，能够精确描述物体三维结构的一系列坐标数据，将这些数据输入三维软件中即可完整地生成物体的三维模型。

（2）三维模型转化为 STL 格式。

（3）对 STL 文件进行分层处理。由于快速成型是将模型按照一层层截面加工，累加而成。因此，必须将 STL 格式的三维 CAD 模型转化为快速成型制造系统可接受的层片模型，各种快速成型系统都带有分层处理软件，能自动获取模型的截面信息。

2. 成型制作

1）支撑制作

由于采用熔融沉积成型工艺的制件是利用熔融状态下的丝材在工作空间中层层堆积而成，因此在构建模型时，通常需要设计辅助支撑结构。系统根据不同产品三维 CAD 模型，大部分模型需要制作支撑，支撑制作可以自动添加，也可以手动添加，尤其是在分层制造过程中，当上层截面大于下层截面时，上层截面多出部分将会出现悬空，从而使截面部分发生塌陷或变形，影响零件原型的成型精度，甚至使产品原型不能成型。添加支撑还有一个重要目的——建立基础层，在工作平台和原型的底层之间建立缓冲层，使原型制作完成后便于剥离工作平台，此外，基础支撑还可以给制造过程提供一个基准面。

2）原型制作

在支撑的基础上进行实体造型，自下而上层层叠加形成三维实体，以保证原型制作的精度和品质。

3. 后处理

快速成型的后处理主要是对原型进行表面处理，去除实体的支撑部分，对部分实体表面进行处理，使原型精度、表面粗糙度等达到要求，但是原型的部分复杂和细微结构的支撑很难去除，在处理过程中会出现损坏原型表面的情况，从而影响原型的表面品质。

（1）去除零件支撑结构。熔融沉积成型工艺后处理首先要去除零件的支撑结构，该步骤可以使用铲刀、剪钳、刮刀等工具。去除支撑结构是熔融沉积成型的必要后处理工艺，目前，对于复杂模型制作，为了节省材料成本和提高制作效率，新型的熔融沉积成型设备采用双喷头，一个喷头用于成型零件，另一个用于成型支撑。

（2）打磨。支撑结构去除之后，使用砂纸、锉刀等对零件进行打磨，打磨的作用是去除零件毛坯上的毛刺、加工纹路，并且也可以对加工时的一些缺陷、细节进行修补，以满足表面粗糙度和装配尺寸的精度要求，有时也可以使用打磨机、砂轮机、喷砂机等设备。

（3）对零件的表面进行抛光。抛光的作用是使零件表面更加光滑平整，产生近似于镜面或光泽的效果。最常用的抛光方法是机械抛光，常用的工具包括：砂纸、纱绸布、打磨膏、帆布轮、羊绒轮等。

（4）零件的表面涂装。涂装是产品表面制造工艺的一个环节，涂装后的产品外观是构成产品价值的一项因素，它是将涂料涂于零件基底表面形成具有防护、装饰或特定功能涂层的过程。

三、熔融沉积快速成型的工艺特点

1. 优点

（1）熔融沉积成型技术不采用激光，设备系统构造原理和操作简单，维护成本低，系统运行安全。

（2）成型材料广泛，包括丝状蜡、ABS、改良性的尼龙、橡胶等热塑性材料丝。也有复合材料，做成丝状后也可以使用。

（3）用蜡成型的零件原型，可以直接用于石蜡铸造。

（4）利用 PLA、ABS 成型的模型具有较高的强度，可以直接用于产品的测试和评估等，近年来又开发出 PPSF、PC 等高强度的材料，可以利用上述材料制造出功能性零件或产品。

（5）可以成型任意复杂程度的零件，常用于成型具有很复杂的内腔、孔等零件，可以通过使用溶于水的支撑材料，以便与工件分离，从而实现瓶状或其他中空型工件的加工。

（6）原材料在成型过程中无化学变化，制件的翘曲变形小。

（7）原材料利用率高，且材料寿命长。

（8）支撑去除简单，无须化学清洗，分离容易。

（9）成型效率高，熔融沉积成型过程中喷头的无效动作很少，大部分时间都在堆积材料，特别是成型薄壁类制件的速度极快。

2. 缺点

（1）成型件的表面有较明显的条纹。

（2）沿成型轴垂直方向的强度比较弱。

（3）需要设计与制作支撑结构。

（4）需要对整个截面进行扫描涂覆，成型时间较长，不适合构建大型零件。

四、熔融沉积成型工艺影响因素分析

1. 材料性能的影响

熔融沉积成型常用的材料是 ABS、PLA 以及石蜡等，材料的形状为丝材，整体成型过程分为：加热熔融、挤出成型和冷却固化。整个工艺过程中丝材会发生两次变化：固态丝材首先在加热过程中呈熔融状态，其次通过喷嘴将熔融状态的丝材挤出，并冷却成固态，材料在加热、冷却过程中出现变形。

熔融的丝材从喷嘴挤出时温度远远高于成型室的温度，当熔融的丝材离开喷嘴时，丝材在高温下将迅速膨胀，并在迅速冷却固化的过程中产生收缩，丝材内部的应力引起丝材的快速收缩，进而导致零件变形，使零件层与层之间无法正常粘接，其中最明显的特征是翘曲变形。

2. 挤丝宽度引起的误差

在熔融沉积成型过程中，一定宽度的丝材由打印机喷头加热挤出，有可能造成扫描填充轮廓路径的实际轮廓与 CAD 设计模型轮廓不符，因此，在生成零件的轮廓路径时，需要对理想轮廓线进行预先补偿。

在实际生产过程中，挤出丝的截面形状和尺寸受工艺参数的影响，如喷嘴直径、厚度、挤出速度、填充速度等，因此，在不同的条件下，丝材的横截面形状会发生变化。

3. 喷头温度与成型室温度的影响

喷头温度决定了材料的黏结性能、堆积性能、丝材流量及挤出丝宽度，成型室的温度会影响成型件的热应力。在实施过程中，喷头温度应根据丝材的性质在一定范围内选择，以保证挤出的丝呈熔融流动状态。一般将成型室的温度设定为比挤出丝的熔点温度低 1~2 ℃。

4. 工作台产生的误差

工作台产生的误差主要来自 X、Y、Z 三个轴移动产生的误差。在进行打印之前首先要对工作台进行调平，调平分为手动调平和自动调平，在调平过程中，一旦工作台在 XY 平面产生不平，会导致零件的打印尺寸与实际尺寸严重不符。Z 方向上产生的位移误差，将影响零件 Z 轴方向的位置误差和形状误差，使竖直方向上的分层厚度的精度降低，因此，要确保喷嘴与工作台的垂直度，同时喷嘴 Z 方向上与工作台初始打印的间隙也是确保零件打印质量的关键。

5. 填充速度与挤出速度不一致引起的误差

在熔融沉积成型设备的工艺参数中，填充速度与挤出速度的一致性对零件的成型质量产生很大影响，如果填充速度大于挤出速度，则丝材积聚在喷头上，造成物料堆积或喷头堵塞的现象。

6. 分层处理误差

熔融沉积成型设备各项工艺参数的设置均会对零件每层的打印时间产生影响，在参数设定好后，每层层面的表面积越小，喷头移动的距离越小，相应的打印时间就越短，这就会造成在打印过程中熔融的丝材冷却时间过短，还未来得及固化成型，下一层丝材已经开始打印，在层层堆积过程中，经常会出现"坍塌"和"拉丝"等现象，降低了零件的成型质量。

除了表面积，分层厚度对于零件打印质量也有很大影响，分层厚度越小，零件表面产生的台阶越小，表面质量越高，但成型时间会变长，降低了加工效率。相反，分层厚度越大，实体表面产生的台阶也就越大，表面质量越差，但提高了加工效率。

7. 成型时间的影响

零件每层的成型时间与填充速度、该层的面积大小及形状的复杂程度有关，若每层的面积小，形状简单，填充速度快，则该层成型的时间短，反之时间就长。

五、熔融沉积成型工艺的应用

熔融沉积成型工艺已被广泛应用于汽车、机械、航空航天、家电、通信、电子、建筑、医学、玩具等产品的设计开发过程，如产品外观评估、方案选择、装配检查、功能测试、塑料件开模前校验设计以及少量产品制造等，用传统方法需要很长时间才能制造的复杂产品原型，用熔融沉积成型工艺无须任何刀具和模具，很快便可完成。

1. 汽车制造领域

在汽车生产过程中，可以使用熔融沉积成型技术制作出汽车零件的原型，以便进行设计验证和功能测试，缩短开发周期，除此之外，还可以制作零件模具，降低成本。例如丰田公司采用熔融沉积成型工艺制作右侧镜支架和4个门把手的母模，通过快速模具技术制作产品而取代传统的 CNC 制模方式，使制造成本显著降低。

2. 航空航天领域

采用熔融沉积成型技术可以打印制作内饰件、机舱组件等零部件，这些零部件一方面实现了轻量化设计，另一方面具有良好的耐热性和抗腐蚀性，能够满足航空航天领域对零部件性能的要求。

3. 玩具制造领域

熔融沉积成型技术可以快速制作玩具模型，成本低，效率高。例如从事模型制造的美国 RapidModels & Prototypes 公司采用熔融沉积成型工艺为生产厂商 LaramieToys 制作了玩具水枪模型。借助熔融沉积成型工艺制作该玩具水枪模型，通过将多个零件一体制作，减少了传统制作方式制作模型的部件数量，避免了焊接与螺纹连接等组装环节，显著提高了模型制作的效率。

4. 建筑领域

在建筑领域中，使用熔融沉积成型技术制作建筑模型，建筑师可以对建筑结构进行分析，还可以直观地展示设计理念，提高设计效果。

5. 医疗领域

熔融沉积成型工艺在医疗领域中应用也非常广泛，比较典型的应用是在医疗器械方面，如患者的义肢、矫形器等医疗辅助器具。

6. 创意设计领域

随着时代的不断发展，越来越多的个性化需求将被激发，设计师可以使用熔融沉积制造技术制作创意产品的原型，快速实现设计想法，并进行调整和改进。

单元小结与评价

在学生完成本单元学习的整个过程中，教师通过视频、动画等向学生展示熔融沉积成型工艺的原理、流程、特点以及影响成型的因素，让学生明确熔融沉积成型工艺的应用范围。

教师检查，同学们自查和互查，完成考核评价表。

姓名		组别	
单元考核点		得分	备注得分点
对熔融沉积成型工艺的发展历史查阅资料的分享			
阐述熔融沉积成型工艺的原理、流程			
分组分析熔融沉积成型工艺的影响因素			
分组探讨熔融沉积成型工艺的应用领域，探究精神、竞争意识			

学习单元4　选择性激光烧结工艺

单元引导

（1）选择性激光烧结工艺基本原理。
（2）选择性激光烧结工艺优缺点。

知识链接

选择性激光烧结（Selective Laser Sintering，SLS）技术，又称为激光选区烧结技术或粉末材料选择性激光烧结技术等，是一种以激光为热源烧结粉末状材料（金属粉末或非金属粉末），在计算机的控制下层层堆积成型的快速成型技术。目前选择性激光烧结技术已经解决了传统加工方法中的许多难题，并在汽车、航空、医疗等领域得到广泛的应用，对人们的生活生产方式产生了深远影响。所谓的"烧结"，是指粉末颗粒在充分受热（但仍低于熔点）时会融合在一起，激光不会使材料"固化"，而是升高粉末的温度，成型室已经将材料加热到接近烧结的温度，激光会让它最终达到。

一、选择性激光烧结工艺基本原理

选择性激光烧结工艺采用的是材料的离散和堆积的原理，以固体粉末材料直接成型三维实体零件，不受零件形状复杂程度的限制，不需要任何的工装模具和支撑。

选择性激光烧结加工过程是采用铺粉辊将一层粉末材料平铺在已成型零件的上表面，并加热至恰好低于该粉末烧结点的某一温度，控制系统控制激光束按照该层的截面轮廓在粉层上扫描，使粉末的温度升至熔化点，进行烧结并与下面已成型的部分实现粘接。当一层截面烧结完后，工作台下降一个层的厚度，铺粉辊又在上面铺上一层均匀密实的粉末，进行新一层截面的烧结，如此反复，直至完成整个模型。成型过程中，未经烧结的粉末对模型的空腔和悬臂部分起着支撑作用，不需要再设置其他支撑结构，如图1-2-10所示。

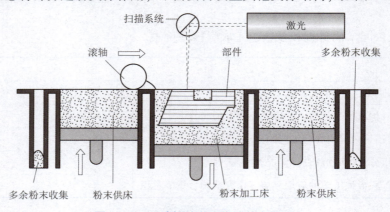

图1-2-10　选择性激光烧结基本原理

二、选择性激光烧结工艺流程

选择性激光烧结成型过程一般分为三个阶段：前处理、粉层激光烧结叠加和后处理。选择性激光烧结工艺使用的材料一般为高分子材料、陶瓷材料、金属粉末材料以及其他复合粉末材料，就具体的工艺而言，前处理与其他工艺基本相同，粉层激光烧结叠加过程、后处理有所不同，此处选取常用的高分子材料、陶瓷材料、金属粉末材料进行介绍。

1. 前处理

前处理阶段中，主要完成产品模型的三维CAD模型，将建立好的模型保存为STL格式，导入计算机的切片软件进行切片分层处理；生成激光扫描烧结路径，由控制模块控制选择性激光烧结设备的光路扫描系统运动。

2. 粉层激光烧结叠加

（1）高分子粉末材料。在制作过程中，为确保制件的烧结质量，减少翘曲变形，应根据截面变化相应地调整粉料预热温度。对于聚苯乙烯高分子粉末材料，成型空间一般需要预热到100 ℃左右。在预热阶段，根据模型结构的特点进行制作方位的确定，当摆放方位确定后，将状态设置为加工状态。设定建造工艺参数，如层厚、激光扫描速度和扫描方式、激光功率、烧结间距等。当成型区域的温度达到预定值时，便可以启动制作。所有叠层自动烧结叠加完毕后，需要将模型在成型缸中缓慢冷却至40 ℃以下，取出模型并进行后处理。

（2）陶瓷粉末材料。陶瓷粉末经过选择性激光烧结后，只形成了模型或零件的坯体，这种坯体还需要进行后续处理以进一步提高其力学性能和热学性能。陶瓷粉末经过激光烧结后应静置5~10 h。待模型坯体缓慢冷却后，用刷子刷去表面粉末露出加工部件，其余残留的粉末可用压缩空气除去。

（3）金属粉末材料。使用选择性激光烧结工艺制作金属材质制件的方法有直接法和间接法两种。

①金属制件直接烧结工艺。该工艺采用的材料为纯粹的金属粉末，使用选择性激光烧结成型工艺中的激光源对金属粉末直接烧结，实现叠层的堆积。

金属制件直接烧结成型过程较间接金属制件制作过程效率上明显提高，不需要复杂的后处理阶段，但必须有较大功率的激光器，该种方法的关键是激光参数的选择、被烧结金属粉末材料的熔融过程及控制。

②金属制件间接烧结工艺。该工艺使用的材料为混合有树脂材料的金属粉末材料，将树脂材料包覆在金属粉末表面，或者将其与金属粉末材料以某种形式混在一起，在成型过程中，树脂材料受激光加热而成为熔融态，流入金属粉末之间，将金属粉末粘接在一起而成型。

金属制件间接烧结工艺主要包含两大关键技术，一是选用合理的粉末配比，树脂材料与金属粉末的比例一般控制在1∶5与1∶3之间；二是设置匹配的工艺参数，如激光功率、扫描速度、扫描间距、粉末预热温度。

3. 后处理

从成型室取出后，用毛刷和专用工具将制件上多余的粉末去掉，进一步清理打磨之后，还需要针对原型材料作进一步处理。

（1）高分子材料。高分子材料激光烧结后的成型件，强度很弱，需要根据使用要求进行渗蜡或渗树脂等操作进行补强处理。一般情况下，激光烧结成型件经不同的后处理工艺具有不同的功能，经渗蜡后处理，可作为精铸蜡模使用，通过熔模精密铸造，生产金属铸件；经渗树脂工艺，进一步提高其强度，作为成型件及功能零件。

（2）陶瓷粉末材料。

①高温烧结。高温烧结阶段形成大量闭孔，并持续缩小，使孔隙尺寸和孔隙总数有所减少，导致体积收缩，影响成型件的尺寸精度，在高温烧结后处理中，尽量保持炉内温度梯度均匀分布。如果炉内温度梯度分布不均匀，可能造成制件各个方向的收缩率不一致，使制件翘曲变形，容易形成应力集中点，使制品产生裂纹和分层。在高温烧结后，坯体内部孔隙减少，密度和强度增加，性能也得到改善。

②热等静压烧结。热等静压烧结工艺是将制品放置到密闭的容器中，使用流体介质，向制品施加各向同等的压力，消除内部气孔，同时施以高温，在高温高压的作用下，制品的组织结构致密化。

③熔浸。熔浸是将金属或陶瓷制件与另一个低熔点的金属接触或浸埋在液态金属内，让液态金属填充制件的孔隙，冷却后得到致密的零件。熔浸过程依靠金属液在毛细力作用下湿润零件，液态金属沿着颗粒间孔隙流动，直到完全填充孔隙为止，经过熔浸后处理的制件致密度高，强度大，基本不产生收缩，尺寸变化小。

④浸渍。浸渍工艺类似于熔浸，不同之处在于浸渍是将液体非金属材料浸渍到多孔的选择性激光烧结坯体的孔隙内，并且浸渍处理后的制件尺寸变化更小。在后处理中，要控制浸渍后坯体零件的干燥过程，干燥过程中的温度、湿度、气流等对干燥后坯体的质量有很大影响。干燥过程中控制不好，会导致坯体开裂，严重影响零件的质量。

⑤涂覆。对于完成上述后处理的成型件，还需要考虑其长久保存和使用情况等，对成型件进行涂覆处理，使其具有防水、防腐、坚固、美观、不易变形等特点。

（3）金属粉末材料。在成型过程中首先要降解树脂材料，降解加热在两个不同温度的保温阶段完成，先将坯件加热到350 ℃，保温5 h，然后升温到450 ℃，保温4 h。在这两个温度段，树脂材料都会发生分解，其产物是多种气体，通过加热炉上的抽风系统将其去除。保护气氛为30%的氢气、70%的氮气。通过降解，98%以上的聚合物被去除。

当树脂材料大部分被降解后，制品还需要二次烧结，金属粉粒间只靠残余的一点聚合物和金属粉末间的摩擦力来保持，这个力是很小的。要保持形状，必须在金属粉粒间建立新的联系，这就是将坯件加热到更高温度，通过扩散来建立联结。

成型件经二次烧结后是多孔体，强度较低，可以通过渗金属来提高其强度。对于熔点较低的金属，熔化后，在毛细力或重力的作用下，通过成型件内互相连通的空洞，填满成型件内的所有空隙，使成型件成为致密的金属件。渗金属在可控气氛或真空中进行。在可控气氛中，必须使渗入金属单向流动，这样可让连通孔隙中的空气排出成型件；如多方向渗入，会将成型件中的气体封在体内，形成气孔而削弱强度。如果将成型件置于真空室内渗金属，由于成型件内没有空气存在，那么可将成型件浸入液态金属中，金属液体从四周同时渗入，渗入速度快，时间短。

三、选择性激光烧结工艺的特点

1. 选择性激光烧结工艺的优点

（1）成型材料多样性，是选择性激光烧结最显著的特点。从原理上说，该工艺可采用加热时黏度降低的任何粉末材料，通过材料或各类含黏结剂的涂层颗粒制造出任何造型，以满足不同需要。目前，已商业化的材料主要有塑料粉、蜡粉、覆膜金属粉、表面涂有黏结剂的陶瓷粉、覆膜砂等。

（2）对制件形状几乎没有要求。由于下层的粉末自然成为上层的支撑，故选择性激光烧结具有自支撑性，可制造任意复杂的形体，这是许多快速成型技术所不具备的。

（3）材料利用率高。未烧结的粉末可以重复利用。

（4）制造工艺简单。由于可用多种材料，选择性激光烧结工艺按采用的原料不同可以直接生产复杂形状的制件原型。

2. 选择性激光烧结工艺的缺点

（1）设备成本高昂，除了本身的设备成本，还需要很多辅助保护工艺，整体技术难度大，制造和维护成本非常高。

（2）制件内部疏松多孔，表面粗糙度较大，机械性能不高。

（3）制件质量受粉末的影响较大，不易提升。

（4）可制造零件的最大尺寸受到限制。

（5）成型过程消耗能量大，后处理工序复杂。

（6）烧结过程有异味。选择性激光烧结工艺中粉层需要激光使其加热达到熔化状态，高分子材料或者粉粒在激光烧结时会挥发异味气体。

四、选择性激光烧结工艺误差分析

造成选择性激光烧结工艺误差的因素较多，包括三维模型处理误差，材料选择、工艺参数以及后处理等对制件产生的影响，而且各因素对此误差的影响差别很大，同时各因素之间也相互关联、相互制约。影响零件表面粗糙度的参数主要是扫描间隔和层厚，而对于零件的尺寸精度和形状精度来说，则是几个因素综合作用的结果。

1. 三维模型处理误差

三维模型转化为 STL 文件时产生的偏差将影响制件的精度，与其他快速成型工艺相似，在转化为 STL 文件的过程中，用三角面片对零件的表面进行离散逼近必然带有一定的误差，对制件而言，用来逼近的三角面片数量越多，STL 格式文件对实物模型的逼近也就越好，误差越小；大的模型误差使成型制件表面光顺性较差，导致本来光滑的成型表面出现尖角、棱边等形状误差，严重影响制件的精度。

2. 材料选择对制件精度的影响

对于选择性激光烧结制件而言，粉末材料的热吸收性、热传导性、收缩率、熔点、玻璃化转变温度、反应固化温度和时间、结晶温度与速率、热分解温度、阻燃性和抗氧化性、模量、熔体黏度、熔体表面强力、粒径分布、颗粒形状、堆积密度以及流动性等物理特性均对制件的机械性能、表面质量有影响。

3. 工艺参数对制件精度的影响

选择性激光烧结工艺中的烧结参数主要有预热温度、激光功率、扫描速度、扫描间隔、扫描路径以及层厚等。

1）粉末预热温度对误差的影响

由于激光加热时，粉末温度突然升高使之与周围粉末之间产生一个较大的温度梯度，易导致翘曲变形。对粉末进行预热有利于减少激光照射的粉末与其周围粉末之间的温度梯度从而可以改善制件的翘曲变形。如果预热温度太低，由于粉层冷却太快，熔化颗粒之间来不及充分润湿和互相扩散、流动，烧结体内留下大量空隙，导致烧结深度和密度大幅下降，成型件质量因此受到很大影响。随着加热温度的提高，粉末材料导热性能变好，同时低熔点有机成分液相数增加，有利于其流动扩散和润湿，可以得到更好的层内烧结和层间烧结，使烧结深度和密度增加，从而提高成型质量。

2）烧结温度控制不当引起的误差

激光的烧结温度是影响选择性激光烧结制件的主要因素之一。激光束对粉末材料的扫描烧结温度取决于两个因素：一个是激光束的扫描速度，另一个是扫描激光器的功率输出。扫描速度越高、功率输出越低，受照射的粉末材料的受热温度越低，而扫描速度越低、功率输出越高，受照射的粉末材料的受热温度越高。选择性激光烧结成型中的激光扫描烧结与激光切割中的情形不太相同，当激光束扫描加热粉末材料时，激光对粉末颗粒的能量辐射时间极短。将每层烧结材料加热到某一温度区间，如烧结温度过高就会引起材料被破坏；如烧结温度过低，则不能达到使粉末材料互相黏结的目的，影响制件的力学性能。

合理地控制烧结温度必须从影响烧结温度的两个决定因素入手。扫描速度增大，单位距离内激光扫描的时间就减少，扫描在粉末上瞬间能量密度就减小；反之，就增大。因此，扫描速度对烧结件精度和密度的影响与激光功率对其影响成相反的效果。扫描速度的大小，决定了成型速度的快慢，从快速成型方面考虑，应尽量选择高的扫描速度。

3）激光功率对制件精度的影响

随着激光功率的增加，尺寸误差向正方向增大，并且厚度方向的增大趋势要比长宽方向的尺寸误差大，这主要是因为对于波长一定的激光，其光斑直径是固定的。当激光功率增加时，光斑直径不变，但向四周辐射的热量会增加，这样导致长宽方向的尺寸误差随着功率的增加向正误差方向增大。由于激光的方向性，热量主要沿着激光束的方向进行传播，所以随着激光功率的增加，厚度方向即激光束的方向，更多的粉末烧结在一起。

4）扫描速度对制件精度的影响

当扫描速度增大时，误差向负误差的方向减小，强度减小，这正好与随功率的变化趋势相反。扫描速度增大，则单位面积上的能量密度减小，相当于减小了激光功率，但扫描速度对快速成型的效率有一定影响，所以要根据实际情况来选择。

5）扫描间距对制件精度的影响

扫描间距是指两条相邻的激光束扫描线光斑中心点间的垂直距离，扫描间距的设置与激光光斑直径大小有关。扫描间距越小，单位面积上的能量密度越大，粉末熔化就越充分，制件的强度越高。扫描间距越小，两束激光的重叠部分就越大，温度也会升高，当然，扫描间距不能选的太小，因为扫描间距太小，烧结激光能量过高，但是，当扫描间距选择过大，相邻的两条激光束扫描线的重叠区域就会很小，扫描线间存在部分粉末未被烧结，易造成制件的线间连接强度不高甚至无法成型。

6）扫描路径对制件精度的影响

目前扫描路径的生成主要有两种方法，一种是逐行扫描，每一段路径均相互平行，在边界线内往复扫描，也称为 Z 字路径；另一种是轮廓环扫描，由一系列等距平行线构成，激光光斑就沿着这些平行线逐层扫描。

逐行扫描又有两种扫描方法，一种是单向扫描，扫描起始点在同一端，每条扫描线之间有很大的空跳，所以这种扫描方式很少被采用；另一种是双向扫描，就是相邻扫描线的起始点在不同的两端，这样可以减少空跳距离，但是这种方法需要频繁开关激光，必须很好地调节各种延时参数，不然很容易引起制件收缩变形。

轮廓环扫描在连续不断的扫描过程中扫描线经常改变方向，使收缩引起的内应力方向分散，减小了翘曲的可能，制件的表面均匀。但这种算法效率不高，影响了成型的效率。因此，目前大多数情况采用连贯性逐行扫描，但是由于这种扫描方式本身的缺陷，必须对它的路径进行优化，采用这种方式时，当遇到孔洞的层面时，还不可避免地会用到很多延时，这同样出现以上提到的设置延时参数的问题，而且在分区交界处还会有粘接不紧密的问题。

7）烧结层厚对制件精度的影响

烧结层厚对制件的精度和表面粗糙度影响很大，一般认为，层厚越小，精度越高，零件的表面粗糙度越小，这在烧结斜面、曲面等形状的零件时最为明显。但当切片层厚太薄时，层片之间很容易产生翘曲变形，并且切片层厚越薄，制件的烧结时间越长。

五、选择性激光烧结的应用

（1）选择性激光烧结技术在快速原型制造中的应用。可快速制造设计零件的原型，及时进行评价、修正，以提高产品的设计质量，使客户获得直观的零件模型，制造教学、试验用复杂模型。

（2）单件、小批量或特殊零件的制造加工。在制造业领域，有一些不能批量生产或形状很复杂的零件，这类零件往往加工周期长、成本高，对于某些形状复杂零件，甚至无法制造。采用选择性激光烧结技术可经济地实现小批量和形状复杂零件的制造，可降低成本和节约生产时间，这对航空航天及国防工业更具有重大意义。

（3）采用选择性激光烧结技术快速制作高精度的复杂塑料模，代替木模进行砂型铸造。或者将铸造树脂砂作为烧结材料，直接生产出带有铸件型腔的树脂砂模型，进行一次性浇铸。在铸造行业中，传统制造木模的方法，不仅周期长、精度低，而且对于一些复杂的铸件如叶片、发动机缸体、缸盖等制造木模困难。采用选择性激光烧结技术可以克服传统制模方法的上述问题，制模速度快、成本低，可完成复杂模具的整体制造。

（4）选择易熔消失模料作为烧结材料，采用选择性激光烧结技术快速制作消失模，用于熔模铸造，得到金属精密制件或模具。运用选择性激光烧结技术能制造复杂形状的蜡型，实现快速、高精度、小批量生产。

（5）在医学上的应用。选择性激光烧结工艺烧结的零件由于具有很高的孔隙率，因此可用于人体工程的制造。根据国外对于用选择性激光烧结技术制备的人工骨进行的临床研究表明，人工骨的生物相容性良好。

六、选择性激光烧结技术未来研究展望

针对当前存在的选择性激光烧结系统的速度、精度和表面粗糙度不能满足工业生产要求，设备成本较高以及激光工艺参数对零件质量影响敏感等问题，目前国内外专家的研究热点集中在以下几个方面：

1. 新材料的研究

材料是选择性激光烧结技术发展的关键环节，它直接影响烧结试样的成型速度、精度和物理、化学性能。目前，选择性激光烧结工艺制造的零件普遍存在强度不高、精度低、需要后处理等诸多缺点，这就需要研制出各种激光烧结快速成型的专用材料，深入研究材料的成型机制，结合成型机制优化粉末材料，进一步提高和完善各种成型材料的性能，开发高性能、低成本、低污染的材料。根据成型件的用途和要求不同，开发不同类型的成型材料，如功能梯度材料、生物活性材料等。

2. 选择性激光烧结连接机理研究

不同的粉末材料其烧结成型机理是截然不同的，金属粉末的烧结过程主要由瞬时液相烧结控制，但是目前对其烧结机理的研究还停留在显微组织理论层次，需要从选择性激光烧结动力学理论进行研究来定量地分析烧结过程。

3. 选择性激光烧结工艺参数优化研究

选择性激光烧结的工艺参数（如激光功率、扫描方式、粉末颗粒大小等）对烧结件的质量都有影响。目前，工艺参数与成型质量之间的关系是选择性激光烧结技术的研究热点，国内外对此进行了大量的研究。进一步将选择性激光烧结技术与传统加工技术相结合，减少成型零件的工序，充分发挥快速成型的特点，直接成型难以烧结材料和加工的零件。

4. 选择性激光烧结建模与仿真研究

由于烧结过程的复杂性，进行实时观察比较困难，为了更好地了解烧结过程，对工艺参数的选取进行指导，有必要对烧结过程进行计算机仿真。

选择性激光烧结技术的发展将对设备研发与应用、新工艺和新材料的研究产生积极的影响，对制造业向环保、节能、高效发展产生巨大的推动作用。成型工艺的完善和成型设备的开发与改进，能提高成型件的表面粗糙度、尺寸精度和机械性能，尽量优化后处理工艺，提高成型件的品质。

单元小结与评价

在学生完成本单元学习的整个过程中，教师通过视频、动画等向学生展示选择性激光烧结成型工艺原理、流程、特点以及误差分析，让学生明确选择性激光烧结成型工艺的应用范围，了解其未来的研究展望。

教师检查，同学们自查和互查，完成考核评价表。

姓名			组别		
	单元考核点		得分	备注得分点	
对选择性激光烧结成型发展历史查阅资料的分享，自主学习习惯养成					
阐述对选择性激光烧结成型工艺原理、流程					
分组分析选择性激光烧结成型工艺的误差					
分组探讨、查询选择性激光烧结成型工艺的应用领域、未来发展，多角度看问题能力培养					

学习单元 5　选择性激光熔融工艺

单元引导

（1）选择性激光熔融工艺是什么时期发展起来的？

（2）选择性激光熔融工艺与选择性激光烧结工艺的区别。

知识链接

选择性激光熔融（Selective Laser Melting，SLM）是 20 世纪 90 年代中期在选择性激光烧结（SLS）工艺的基础上发展起来的。选择性激光熔融（SLM）工艺克服了选择性激光烧结（SLS）工艺在制造金属零件时相对复杂的困扰。选择性激光熔融（SLM）工艺可利用高强度激光熔融金属粉末，从而快速成型出致密且力学性能良好的金属零件。选择性激光熔融是金属材料增材制造中的一种主要技术途径。该技术选用激光作为能量源，按照三维 CAD 切片模型中规划好的路径在金属粉末床层进行逐层扫描，扫描过的金属粉末通过熔化、凝固从而达到冶金结合的效果，最终获得模型所设计的金属零件。

一、选择性激光熔融工艺基本原理

选择性激光熔融工艺是激光与金属粉末之间相互作用的过程，包括能量传递、物态变化等一系列物理化学反应，在成型过程中，通过高能量密度激光作用，使金属粉末完全熔化，经冷却凝固层层累积成型出三维实体，如图 1-2-11 所示。选择性激光熔融设备使用激光器，通过扫描反射镜控制激光束熔融每一层的轮廓，金属粉末被完全熔化，而不是使金属粉末粘接在一起。因此成型件的致密度可达到 100%，强度和精度都高于激光烧结成型。

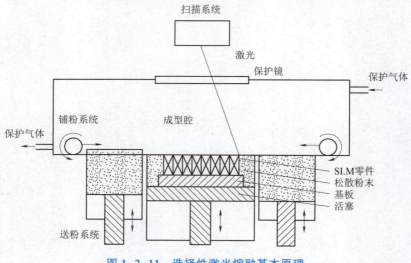

图 1-2-11　选择性激光熔融基本原理

选择性激光熔融工艺通常使用 CO_2 激光器或固体激光器，这些激光器可以产生高功率的激光束，并且具有较好的聚焦性能。激光束经过透镜等光学元件的聚焦，可以将激光束聚集到非常小的区域内，从而提高能量密度。激光束的聚焦可以改变透镜的焦距或使用聚焦镜头来实现，当激光束照射到材料表面时，材料会吸收激光的能量，导致温度升高。激光的能量被局部吸收后，会转化为热能，从而使材料局部熔化，材料局部熔化形成一个小型的熔池，激光束可以精确控制熔池的形状和尺寸，从而实现对材料的精确加工。同时，激光束的高能量密度和高聚焦性也使熔池的温度迅速升高，加速材料的熔化过程，在激光束停止照射后，熔池会逐渐冷却并固化成为新的材料。冷却过程的速度取决于材料的热传导性能和冷却条件，通过控制冷却速度，可以调整材料的微观结构和性能。

二、选择性激光熔融工艺流程

选择性激光熔融工艺流程由前处理、粉末分层激光烧结以及后处理组成。首先利用三维造型软件对零件进行三维建模，并将三维模型转化为 STL 格式，其次通过切片软件对 STL 文件进行路径扫描，计算机逐层读入路径信息文件，计算机根据原型的切片模型控制激光束的二维扫描轨迹，有选择地熔融固体粉末材料以形成零件的一个层面；在成型过程中成型缸下降一个加工层厚的高度，粉料缸上升一定的高度，铺粉装置将粉料缸刮到成型缸，设备调入下一层轮廓的数据进行加工，层层熔化并堆积成组织致密的实体，直到三维零件成型。

在加工成型过程中，需要添加支撑机构，支撑机构的作用是承接下一层未成型粉末层，防止激光扫描到过厚的金属粉末层，发生坍塌现象，由于成型过程中，粉末受热熔化冷却后，内部存在收缩应力，从而容易导致零件发生翘曲等变形，支撑结构连接已成型部分与未成型部分，可有效抑制这种收缩，能使成型件保持应力平衡。选择性激光熔融工艺整个成型加工过程中，是在通有惰性气体保护的加工室中进行的，以避免金属在高温下与其他气体发生反应，但目前这种技术受成型设备的限制，无法成型出大尺寸的零件。

选择性激光熔融（SLM）与选择性激光烧结（SLS）的基本原理类似，都是利用激光的高温性、精确性实现材质成型的过程，它们的区别是：

（1）选择性激光烧结（SLS）是固态粉末颗粒在激光高温作用下，需要加入活性粉，来提升成型的致密性，所用的材料是低熔点金属粉末和高分子材料的混合粉末。在加工过程中，低熔点的材料熔化但高熔点的金属粉末不熔化，利用被熔化的高分子材料实现黏结成型，所以实体材料存在孔隙度高、力学性能差等特点。

选择性激光熔融（SLM），顾名思义就是在加工的过程中用激光使粉体完全熔融，不需要黏结剂而直接成型，成型后零件的精度和力学性能都要比选择性激光烧结成型好。选择性激光熔融（SLM）类似于传统的焊接工艺，利用激光的高温熔化直接成型，不需要加入活性粉，当然不管是烧结还是熔融都需要高温，但两者的成型温度随着材质熔点的不同有着很大的不同。

（2）选择性激光熔融（SLM）使用单纯金属粉末，而选择性激光烧结（SLS）使用添加了黏结剂的混合粉末，使得成型件质量差异较大。由于大多数金属的熔点在 1 000 ℃ 以上，所以选择性激光熔融（SLM）成型温度很高，对激光器的要求也就更高，功率更高。熔融金属材料温度极高，通常使用惰性气体，如氩气或氦气来控制氧气的气氛。同样是增材制造，由于成型温度与粉末颗粒大小不同，每一层铺粉的层厚并不相同，选择性激光烧结（SLS）的层厚一般为 0.08 mm 或者 0.1 mm，选择性激光熔融（SLM）的层厚一般为 0.03 mm 或 0.05 mm。选择性激光烧结（SLS）打印过程不需要加支撑，而选择性激光熔融（SLM）由于材料的密度比较大，必须加支撑。选择性激光熔融（SLM）与选择性激光烧结（SLS）目前都已经成为非常重要的 3D 打印工艺，这也离不开激光应用技术的不断成熟。

三、选择性激光熔融工艺的特点

1. 优点

（1）可成型复杂轮廓零件，根据零件的三维模型，利用金属粉末，无须任何的工装夹具和模具，可直接获得任意复杂表面零件。

（2）零件成型精度高。使用具有高功率密度的激光器，以光斑很小的激光束加工金属，加工出来的金属零件具有很高的尺寸精度，一般可达 0.1 mm。因为激光光斑能量高，可以熔化较高熔点的金属，选择性激光熔融工艺可以加工混合金属制品。

（3）由于激光光斑直径很小，因此能以较低的功率熔化高熔点金属，使得用单一成分的金属粉末来制造零件成为可能，而且可供选用的金属粉末种类也大大拓展了。

（4）零件的致密性好，综合性能优异，成本低。选择性激光熔融技术选择相应的金属粉末制造零件，由于单纯金属粉末的致密性、相对密度可接近 100%，大大提高了金属部件的性能，由材料直接制成终端金属制品，缩短了成型周期。从材料性能角度看，选择性激光熔融制造的结构件具有微细、均匀的快速凝固组织，综合性能优异。

（5）能采用钛粉、镍基高温合金粉加工解决在航空航天中应用广泛的、组织均匀的高温合金零件复杂件加工难的问题；还能解决生物医学上组分连续变化的梯度功能材料的加工问题。

2. 缺点

（1）成型速度较慢，为了提高加工精度，需要用更薄的加工层厚，加工小体积零件所用时间也较长，因此难以应用于大规模制造。

（2）设备稳定性、可重复性还需要提高。

（3）表面粗糙度有待提高。

（4）整套设备昂贵，熔化金属粉末需要比选择性激光烧结更大功率的激光，能耗较高。

（5）选择性激光熔融技术工艺较复杂，需要加支撑结构，考虑的因素多，因此多用于工业级的增材制造。

（6）选择性激光熔融成型过程中，金属瞬间熔化与凝固（冷却速率约 10 000 K/s），温度梯度很大，产生极大的残余应力，如果基板刚性不足则会导致基板变形。因此基板必须有足够的刚性抵抗残余应力的影响，去应力退火能消除大部分的残余应力。

四、选择性激光熔融工艺误差分析

利用选择性激光熔化成型技术进行复杂金属零件的制造，其制造结果能否满足实际要求,其中一个很重要的方面是尺寸精度与形状精度能否满足要求。

1. 激光光斑大小

在其他参数一定的情况下,激光光斑大小会对尺寸精度产生较大的影响,假定其激光能量足够熔化金属粉末,不产生球化现象,激光光斑越大,则尺寸误差越大,反之则误差减小。

另外,光斑的实际大小还受激光功率和扫描速度的影响。当速度恒定时,功率越大,光斑越大,尺寸加工误差越大;而与之相反,当功率恒定,扫描速度增大时,尺寸误差减小。因为扫描速度增大,则单位面积激光能量密度减小,激光熔池尺寸减小,相当于减小了激光功率。

2. 铺粉层厚和搭接率

随着单层层厚的增加,尺寸误差增大。层厚增加,需要熔化的粉末增加,要能达到成型要求,则必然要增加激光功率,所以成型件尺寸精度下降。

搭接率的大小直接影响成型件的轮廓精度,当采用光栅扫描填充,光斑直径一定时,搭接率越小,则轮廓成型精度越低。

3. 金属粉末的粒度

金属粉末的粒度直接影响铺粉层厚,粒度增大则铺粉的最小层厚增加,成型件的尺寸误差增大。另外,当激光扫描线落在金属粒子边缘时,金属粒子受光部分被熔化,使金属粒子被焊接在零件上,形成凸凹不平的毛刺。

4. 铺粉设备的精度

根据成型原理,选择性激光熔融铺粉设备的精度直接影响加工制造精度。在铺粉设备的误差中,特别重要的是铺粉过程中的刮板与基板之间的间隙误差,因为这个误差最终影响铺粉厚度的均匀性。间隙误差是一种累积误差,影响的因素较多,也较复杂。

主要包括:

(1) 刮板刃口的直线度。
(2) 刮板直线往复运动的跳动。
(3) 成型缸活塞上下运动时的摆动与转动。
(4) 基板平面与推动丝杠轴线的垂直度。

其中成型缸的转动误差对刮板与基板之间的间隙不产生影响,只对成型件的形状精度有影响,而刮板刃口的直线度误差则直接影响刮板与基板之间的间隙大小。

五、选择性激光熔融的应用

选择性激光熔融工艺的应用范围比较广,主要用于机械领域的工具及模具、生物医疗领域的生物植入零件或替代零件、电子领域的散热元器件、航空航天领域的超轻结构件、梯度功能复合材料零件。

(1) 轻量化结构方面。

①选择性激光熔融成型技术能实现传统方法无法制造的多孔轻量化结构成型。多孔结构的特征在于孔隙率大,能够以实体线或面进行单元的集合。多孔轻量化结构将力学和热力学性能结合,如高刚度与质量比,高能量吸收和低热导率,因此被广泛用在航空航天、汽车结构件、生物植入体、土木结构、减振器及绝热体等领域。

②与传统工艺相比，选择性激光熔融工艺可以实现复杂多孔结构的精确可控成型。面向不同领域，选择性激光熔融成型多孔轻量化结构的材料主要有钛合金、不锈钢、钴铬合金及纯钛等，根据材料的不同，选择性激光熔融的最优成型工艺也有所变化。

（2）在模具方面的应用。选择性激光熔融技术逐层堆积成型，在制造复杂模具结构方面较传统工艺具有明显优势，可实现复杂冷却流道的增材制造。

（3）钛合金、镍基高温合金等材料适应高强度、高温等应用条件，在航空航天等领域应用广泛。但这些材料面临难切削、锻造和铸造工艺复杂的突出问题。选择性激光熔融属于一种非接触式加工方法，利用高能激光束局部熔化粉末，避免极限压力和温度等苛刻成型条件。目前，选择性激光熔融已可制造多种类钛合金（如Ti6Al4V、Ti55）和镍基高温合金（如Ni718、Ni625）。

（4）选择性激光熔融技术已开始在金属构件的创新设计方面发挥重要作用。由于选择性激光熔融可以制造很多传统加工方法难以或无法制造的结构，这使得实现功能性优先的免组装结构设计及最优化设计成为可能。

单元小结与评价

在学生完成本单元学习的整个过程中，教师通过视频、动画、仿真等向学生展示选择性激光熔融成型工艺原理、流程、特点以及误差分析，让学生明确选择性激光熔融成型工艺的应用范围。

教师检查，同学们自查和互查，完成考核评价表。

姓名		组别	
单元考核点		得分	备注得分点
分组阐述选择性激光熔融成型工艺的原理、流程			
分组阐述选择性激光熔融与选择性激光烧结的区别、联系			
阐述选择性激光熔融成型的特点、误差分析			
联系的观点看问题、开拓创新的精神			

学习单元 6　其他快速成型工艺

单元引导

（1）三维喷涂黏结成型工艺原理。
（2）电子束熔化工艺原理。
（3）数字光处理快速成型工艺成型过程。

知识链接

一、三维喷涂黏结成型工艺（3DP）

三维喷涂黏结成型（Three Dimensional Printing，3DP），由麻省理工学院开发，是基于增材制造技术基本的堆积建造模式，从而实现三维实体的快速制作。因其材料较为广泛，设备成本较低且可小型化到办公室使用等，近年来发展较为迅速。三维喷涂黏结成型是以某种喷头作为成型源，其运动方式与喷墨打印机的打印头类似，所不同的是喷头喷出的不是传统墨水，而是黏结剂、熔融材料或光敏材料等。

1. 三维喷涂黏结成型工艺的发展

三维喷涂黏结成型工艺是美国麻省理工学院 Emanual Sachs 等人最初提出的，于 1989 年进行了该技术的专利申请，并获得批准。1993 年，Emanual Sachs 的团队开发出基于喷墨技术与 3D 打印成型工艺的 3D 打印机，随后于 1997 年成立了 ZCorporation 公司，开始系列化生产该类 3D 打印成型机，并接连占据该领域的技术上风。2012 年它被当今世界上最大的三维打印设备厂商 3D Systems 公司并购，而且还与传统的选择性激光烧结技术相结合，推出了 Z 系列三维喷涂黏结成型设备。现如今发展较为成熟的成型设备主要有美国 ZCorpora-tion 公司的 Z 系列产品、3D systems 公司的 Projet 系列产品以及德国 Voxeljet 公司的 VX 系列产品等。

21 世纪以来，三维喷涂黏结成型工艺在国外得到迅猛发展，设备的销售数量急速增长，表明国外对三维喷涂黏结成型工艺的研究也越来越多。国外的研究经历了在材料方面由软材料到硬材料、喷头方面由单喷头线扫描印刷到多喷头面扫描印刷、打印工艺由间接制造到直接制造的过程，在打印速度、制件精度和强度等方面的研究也都相对较为成熟。

2. 三维喷涂黏结成型工艺原理

三维喷涂黏结成型工艺原理是首先按照设定的层厚进行铺粉，随后利用喷嘴按指定路径将黏结剂喷在预先铺好的粉层特定区域，之后工作台下降一个层厚的距离，继续进行下一叠层的铺粉，逐层粘接后去除多余底料便得到所需形状的制件，该方法可以用于制造几乎任何几何形状的金属、陶瓷等。

3. 三维喷涂黏结的成型过程

三维喷涂黏结成型工艺与选择性激光烧结成型有些类似，采用粉末材料成型，如陶瓷基粉末、金属基粉末。所不同的是材料粉末不是通过烧结粘合在一起的,而是通过喷头喷射黏结剂将工件的截面"打印"出来并一层层堆积成型,用黏结剂粘接的零件强度较低,还需后处理。后处理的过程主要是先烧掉黏结剂,然后在高温下渗入金属,使零件致密化以提高强度。

三维喷涂黏结成型具体工艺过程如下:上一层粘接完成后,成型缸的托盘下降一定距离,这个距离一般为层厚 0.1 mm 左右;然后供粉缸的托盘上升一高度,推出若干粉末,并被铺粉辊推到成型缸,铺平并被压实。喷头在计算机控制下,按下一建造截面的成型数据有选择地喷射黏结剂建造层面,铺粉辊铺粉时多余的粉末被集粉装置收集,如此反复地送粉、铺粉和喷射黏结剂,最终完成一个三维粉体的粘接,未被喷射黏结剂的地方为干粉,在成型过程中起支撑作用,成型结束后容易去除,如图 1-2-12 所示。

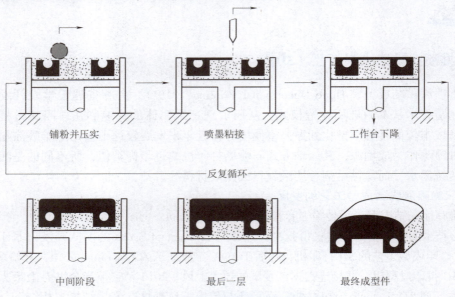

图 1-2-12　三维喷涂黏结成型过程

4. 三维喷涂黏结成型工艺后处理步骤

三维喷涂黏结成型技术的后期处理过程相较其他几种 3D 打印技术的后处理简单,这也是三维喷涂黏结成型技术的又一大优势。

三维喷涂黏结成型工艺后处理主要包括模具静置、去粉、干燥固化、包覆四个步骤。

(1) 模具静置:三维喷涂黏结成型工艺打印结束后,需要将打印的模具静置一段时间,使得成型的粉末和黏结剂通过交联反应、分子间作用力等作用固化完全,尤其是对于以石膏或者水泥为主要成分的粉末。成型的首要条件是粉末与水之间作用硬化,之后才是粘接及部分的加强作用,一定时间的静置对最后的成型效果有重要影响。

(2) 去粉:完成之前的工序后,所制备模具可具备较强硬度,这时需要将表面其他粉末除去。可以用刷子将周围大部分粉末扫去,剩余较少粉末可通过机械振动、微波振动、不同方向风吹等除去,也有报道称可将模具浸入特制溶剂中,此溶剂能溶解散落的粉末,不能溶解固化成型的模具,可达到除去多余粉末的目的。

(3) 干燥固化:当模具完成除粉后,同时具有初步硬度时,可根据不同类别用外加措施进一步干燥固化，例如通过加热、真空干燥等方式，当模具凝固到一定强度后再将其取出。

（4）包覆：对于去粉完毕的模具，特别是石膏基、陶瓷基等易吸水材料制成的模具，需考虑其长久保存问题，常见的方法是在模具外面刷一层防水固化胶，增加其强度，防止因吸水而减弱强度，或将模具浸入能起保护作用的聚合物中，如环氧树脂、氰基丙烯酸酯、熔融石蜡等，最后的模具可兼具防水、坚固、美观、不易变形等特点。

5. 三维喷涂黏结成型的特点

1）优点

（1）成型速度快，成型材料价格低，适合做桌面型的快速成型设备。在制造特点方面，因为利用面扫描而不是点扫描、线扫描原理，三维喷涂黏结成型技术的制造速度远超过其他快速成型技术，其还是唯一可以不更换基体材料而实现全彩色制造的快速成型技术。同时，因为没有使用激光、电子束等高能束设备，其能耗小，设备体积可以进行小型化设计，因此三维喷涂黏结成型技术和设备越来越受到欢迎。

（2）在黏合剂中添加颜料，可以制作彩色原型，这是该工艺最具竞争力的特点之一。

（3）成型过程不需要支撑，多余粉末的去除比较方便，特别适合于做内腔复杂的原型。

2）缺点

（1）成型部件的强度低，只能做概念型模型，而不能做功能性试验。

（2）对于石膏粉作为成型材料，表面粗糙度会受影响。

6. 三维喷涂黏结成型的典型应用

作为一种新兴技术，三维喷涂黏结成型技术的应用越来越广泛，研究人员也正在加大研究、实践力度。目前三维喷涂黏结成型技术在教育、模型、创意、医疗、建筑等领域得到广泛应用。随着制件性能的进一步提高，该技术在大规模工业生产中也将得到越来越大规模的使用。

目前三维喷涂黏结成型技术在有机电子器件（如大面积 PLED、OLED）、半导体封装、太阳能电池的制造上，已经显示出极具优势的发展前景。

1）原型制作

三维喷涂黏结成型技术可以用于产品模型的制作，进行产品结构设计及评估，样品功能测评，提高设计速度。除了一般工业模型，还可以成型彩色模型，特别适合生物模型、产品模型以及建筑模型等。

2）快速模具

三维喷涂黏结成型技术可用于制作母模、直接制模和间接制模，对正在迅速发展和具有广阔应用前景的快速模具领域起到积极的推动作用。

将三维喷涂黏结成型制件经后处理作为母模，浇注出硅橡胶模，然后在真空浇铸机中浇注聚亚胺酯复合物，可复制出一定批量的实际零件。

3）快速制造

美国一家公司采用金属和树脂黏结剂粉末材料，逐层喷射光敏树脂黏结剂，并通过紫外光照射进行固化，成型制件经二次烧结和渗铜，最后形成 60% 钢和 40% 铜的金属制件。

还有其他的公司通过喷射液滴逐层粘接覆膜金属合金粉末，成型后再进行烧结，直接生产金属零件，或者生产喷射铝液滴的快速成型设备，每小时可以喷射 1 kg 的铝滴。

4）医学模型

可以应用在假肢的制作，利用模型预制个性假肢，提高精确性，缩短手术时间，减少病人的痛苦。此外，制作医学模型可以辅助手术策划，有助于改善外科手术方案，并有效地进行医学诊断。

5）铸造用砂模成型

使用三维喷涂黏结成型工艺可以将铸造用砂制成模具，用于传统的金属铸造，是一种间接制造金属产品的方式。

二、电子束熔化成型工艺（EBM）

1. 电子束熔化发展

电子束熔化（Electron Beam Melting，EBM），也称为电子束选区熔化（Electron Beam Selective Melting，EBSM），成立于20世纪90年代的瑞典Arcam公司是全世界最先开展电子束熔化成型装备研制的机构。2003年，Arcam公司推出第一代电子束熔化成型3D打印设备，电子束熔化成型工艺进入商业化发展阶段。2016年11月美国通用电气（GE）公司收购了Arcam公司。目前，全球范围内，电子束熔化成型工艺研究机构还有美国麻省理工学院、中国北京航空制造工程研究所和清华大学等。

2. 电子束熔化工艺原理及成型过程

电子束熔化工艺是在真空环境下以电子束为热源，以金属粉末为成型材料，高速扫描加热预置的粉末，通过逐层化叠加，获得金属零件。

在成型过程中，首先在工作台上铺一层金属粉末，电子束在计算机控制下根据零件各层截面的CAD数据，有选择地对粉末层进行扫描熔化；完成一个层面的扫描后，工作台下降一个层高，铺粉器重新铺放一层粉末，电子束再次扫描熔化，新加工层与前一层熔合成一个整体，如此反复进行，层层堆积，直到整个零件加工完成为止。将零件从真空箱中取出，用高压空气吹出松散粉末，进行喷砂、抛光等后处理工艺，即可获得最终零件，如图1-2-13所示。

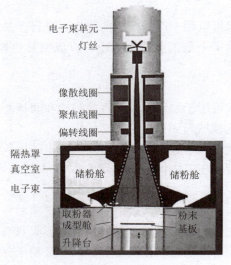

图1-2-13　EBM成型工艺原理

3. 电子束熔化工艺的特点

电子束熔化工艺与选择性激光熔融工艺类似，但也有所不同，首先是热源不同，选择性激光熔融工艺采用激光为热源，而电子束熔化工艺采用电子束为热源。金属材料对激光都存在不同程度的反射，因此电子束熔化工艺能量的利用率更高。电子束相对于激光的一个重要特点就是控制灵活，可以实现较高响应速度的偏转控制，从而可以实现高速扫描。电子束通过磁场进行偏转控制，磁场可以改变电子运动的方向而不改变其能量。这种技术可以成型出结构复杂、性能优良的金属零件，但是成型尺寸受到粉末床和真空室的限制。

1）优点

（1）成型过程可用粉末作为支撑，一般不需要额外添加支撑。

（2）成型过程不消耗保护气体，完全隔离外界的环境干扰，无须担心金属在高温下的氧化问题，特别适用于易氧化的金属及合金材料。

（3）由于成型过程是在真空状态下进行的，没有气体的对流，热量的散失来源于辐射，因而成型过程热量能得到保持。

（4）由于成型过程在真空下进行，成型件内部一般不存在气孔，成型件内部组织呈快速凝固形貌，力学性能好。

（5）能熔炼难熔金属，并且可以将不同的金属熔合。

（6）成型环境温度高，零件残余应力小，降低了裂纹形成的风险；成型过后的剩余粉末可以回收再利用。

2）缺点

（1）由于电子束的高热密度，可能会对金属表面产生损伤，因此，在使用电子束熔化工艺时，还需要采取一定的预防措施，以免熔化金属受到损伤。

（2）成型前需长时间抽真空，使成型准备时间很长；总机功耗中，抽真空占去了大部分功耗。

（3）成型设备需配备抽真空系统，而且需要维护，增加了成本。

4. 电子束熔化工艺的应用

电子束熔化工艺采用金属粉末为原材料，由于电子束的高热密度，可以熔化几乎任何种类的金属，并且可以形成复杂的结构，因此其应用范围相当广泛，尤其是在难熔、难加工材料方面有突出用途，其制品能实现高度复杂性并达到较高的力学性能，因此它在工业生产中发挥着重要作用。

（1）在航空航天领域，电子束熔化工艺被用于制造各种高温合金材料、复合材料以及热障涂层等，以提高飞机发动机的性能和寿命。

（2）在汽车领域，该工艺被用于制造高强度、高散热性能的汽车零部件，以提高汽车的安全性和性能。

（3）在生物医学领域，电子束熔化工艺可以制造出具有特殊结构和功能的生物材料，通过控制电子束的能量和扫描速度，可以制造出精确的微观结构，如微脉冲、微通道等。

三、数字光处理快速成型工艺（DLP）

1. 数字光处理快速成型工艺原理

数字光处理快速成型工艺（Digital Light Processing，DLP）与光固化成型工艺（SLA）

有些相似，也采用光敏树脂作为打印材料，不同的是光固化成型的光线是聚成一点在面上移动，而数字光处理快速成型工艺在打印平台的顶部放置一台高分辨率的数字光处理器投影仪，将光打在一个面上来固化液态光聚物，逐层进行光固化，因此速度比同类型的光固化成型工艺更快，是在光固化成型工艺出现的十余年后才出现的。该技术也是业界公认的第二代光固化成型技术，距今也有20多年的发展历史了。

数字光处理快速成型工艺主要通过投影仪来逐层固化光敏聚合物液体，从而创建出3D打印对象的一种快速成型技术。在成型过程中，投影仪发出紫外线光源，照射到光固化树脂，液态树脂发生聚合反应固化。在控制系统的控制下对每一层的轮廓信息进行扫描，两层之间完成粘接，以此层层累加，最终形成实体，将模型从树脂中取出，进行二次固化，经打磨、电镀、喷漆或着色处理得到要求的产品。

2. 数字光处理快速成型工艺的特点

（1）与光固化成型工艺的点光源相比，数字光处理快速成型工艺的面光源设计使打印模型的幅面得到有效扩张，可打印尺寸范围更广泛。

（2）数字光处理快速成型工艺光学系统的开发使光学畸变减少到极低，搭配自动标定技术，能够高效且高精度地完成尺寸校正功能，高分辨率使成品表面更加丝滑，让后续的处理工作也更加轻松。

（3）与光固化成型工艺由点到线再到面的过渡相比，数字光处理快速成型工艺3D打印技术的一次成型让打印过程更加快速高效，使其能够更好地满足量化、精细化生产的市场需求。

（4）市场对于3D打印的需求主要体现在高精度、高表面质量，以及产品的适应性、加工效率、加工成本等，目前工业级别的3D打印设备由于材料成型原理的限制，存在成型件表面质量不足、尺寸精度受限等不足。

（5）随着3D打印技术的发展及向各个领域的渗透，数字光处理快速成型设备的发展分为两大领域——高端工业级及低端消费级。高端工业级设备追求产品的打印效率和精细度；低端消费级设备追求性价比及操作便捷性。

面对不断增长变换的市场需求，DLP光固化成型技术在未来的发展中也需持续进行创新升级。不论是打印幅面的拓展、运行功率的提升还是核心部件的优化与维护都是3D打印技术在未来发展中的重中之重。

3. 数字光处理快速成型工艺的应用

目前，数字光处理快速成型工艺已经广泛应用于医疗、建筑、运输、航天、教育、工业制造、珠宝首饰、玩具等领域。

单元小结与评价

在学生完成本单元学习的整个过程中，教师通过动画、仿真、图片等向学生展示三维喷涂黏结成型、电子束熔化成型、数字光处理快速成型等工艺原理、成型过程，让学生明确三维喷涂黏结成型工艺、电子束熔化成型工艺的应用领域以及数字光处理快速成型工艺的特点。

教师检查，同学们自查和互查，完成考核评价表。

姓名		组别	
单元考核点		得分	备注得分点
阐述三维喷涂黏结成型、电子束熔化成型、数字光处理快速成型等工艺原理、成型过程			
分组阐述三维喷涂黏结成型工艺、电子束熔化成型工艺的应用领域			
分组分析数字光处理快速成型工艺的发展			
探究精神、自主学习能力的培养			

学习情境三　增材制造常用材料——产品成型的"摇篮"

情境导入

在制造业领域，材料始终扮演着举足轻重的角色，对于增材制造而言亦是如此，各种工艺使用的材料是增材制造技术发展的重要物质基础，在某种程度上，材料的发展决定着增材制造技术能否有更加广泛的应用。

增材制造技术能够在产品开发过程中降低成本、节省时间，并改变了传统制造工业的方式和原理。目前真正应用在增材制造领域的材料种类不是很多，材料成为限制增材制造技术发展的主要瓶颈，同时也是突破创新的关键点和难点所在。

目前较为常用的增材制造材料，根据材料的化学成分分类，可分为：塑料材料、金属材料、陶瓷材料、复合材料、生物医用高分子材料等；根据材料的物理形状分类，可分为：丝状材料、粉体材料、液体材料、薄片材料等。常用于增材制造各种工艺的材料特点如表 1-3-1 所示。

表 1-3-1　常用于增材制造各种工艺的材料特点

成型方法	成型速度	成型精度	成型特点	常用材料
LOM	快	较高	原材料成本低，激光器寿命长，适用于制造大型实心样件，直接成型铸造木模	纸、金属箔、塑料薄膜等
SLA	较快	较高	设备昂贵、原材料贵、加工成本高、激光器寿命短、维护费用高，适用于制造小件、精密件	热固性光敏树脂
FDM	较慢	较低	自动加支撑、操作难度小，制件硬度高，韧性稍差，不致密，有间隙	石蜡、塑料、ABS 等
SLS	较快	适中	制件强度和韧性好，既可做样件也可做蜡模，运行成本低	尼龙、金属、陶瓷等粉末

情境目标

知识目标

了解增材制造常见工艺的材料。
掌握不同材料的特点。
了解各种材料的应用。

能力目标

能够针对不同的增材制造工艺合理地选择材料。

能够分析增材制造所用材料的性能。

素养目标

培养学生探究精神，增强自主学习习惯的养成。

培养学生严谨细致、精益求精的精神。

培养学生的质量意识、成本意识、标准意识、规范意识。

增材小课堂

根据《考工记》记载：天有时、地有气、材有美、工有巧，合此四者，然后可以为良。在人类社会的发展和进步过程中，材料是一个带有时代和文明的基础，人类文明的发展史，就是一部利用材料、制造材料和创造材料的历史。人类从没中断过追求更好的材料，或使材料具有更优异的性质或新的功能，从而满足人类社会发展中层出不穷的新需要。

我国古代材料发展史悠久丰富，经历了数千年的演进和创新。我国的陶瓷制作可以追溯到公元前16世纪以前新石器时代，在商朝和周朝时期，我国的陶瓷制作技术得到了显著改进，恩格斯说，人类从低级阶段转向文明阶段就是从制陶开始；钢铁制作在汉代就得到了改进，出现了高温炼钢和锻造工艺；公元7世纪发明了木板印刷术，这一技术在唐代和宋代得到广泛应用。

我国古代材料发展史表现出了创新精神和卓越技术，对世界历史和文化产生了深远影响，这些材料的发展不仅改善了人们的生活水平，还推动了科学、文化和贸易的发展。

我国增材制造材料行业的发展，与金属和聚合物等材料的发展息息相关。我国冶金发展历史悠久，远古时期便开始铸铁；到19世纪中叶，开始采用熔铸法冶炼金属粉末；20世纪中后期，我国增材制造材料行业进入起步阶段，聚合物的类型开始多样化生产，金属粉末也在工业中运用，有色金属工业体系初步建立；历经21世纪初的快速发展，目前我国增材制造材料行业正迈入高质量发展阶段。

从我国古代材料发展的灿烂历史，到今天增材制造材料的高速发展，充分彰显了我国在材料制作、创新等方面的优势。

学习单元 1　增材制造材料性能

单元引导

（1）增材制造材料性能参数有哪些？
（2）增材制造材料有什么缺陷？

知识链接

增材制造对材料性能的一般要求为有利于快速、精确地加工原型零件；快速成型制件应当接近最终要求，应尽量满足对强度、刚度、耐潮湿性、热稳定性能等的要求。材料的力学性能是材料选择的重要指标之一，不同的应用对材料强度、刚度、韧性有不同的要求。

一、静态强度

通常，静态强度取决于零部件的密度以及在制造过程中形成的微观结构。与通过传统方法（如铸造）制造的部件相比，增材制造零部件的微观结构更精细，因此，一般来说，增材制造零部件的静态强度较好。

增材制造的金属中屈服强度和极限拉伸强度通常等于或大于其铸造、锻造或退火对应的强度，这是由于增材制造加工期间熔池的快速凝固，形成微细结构特征，如细晶粒或密集间隔的晶枝。

典型霍尔-石料粒度强化描述了材料的屈服强度与平均粒径之间的关系：随着晶粒尺寸的减小或微结构特征的错位运动，材料的屈服强度增加。增材制造制成的零部件中的微观结构特征会阻碍错位运动，将会形成比常规加工和退火更高的屈服强度。

二、疲劳强度

疲劳断裂与静载荷下的断裂不同，它是在交变应力作用下而产生的破坏。大小和方向都随时间呈周期性循环变化的应力称为交变应力。材料在交变应力作用下发生的断裂现象称为疲劳断裂。疲劳断裂可以在低于材料的屈服强度的应力下发生，断裂前也无明显的塑性变形，而且经常是在没有任何先兆的情况下突然断裂的，因此疲劳断裂的后果是十分严重的。

与静态力学性能相同，金属材料的疲劳强度主要取决于其微观结构。但是，表面粗糙度和材料缺陷等加工工艺的固有特性会极大影响增材制造制件的疲劳性能。分层制造工艺通常造成表面粗糙度增加，机械表面处理（如抛光）可以改善疲劳性能，但是由于材料缺陷，疲劳性能的评估相当困难，例如孔隙率和层黏结不足会导致实验数据的离散点增加，难以比较。通过热等静压处理这些缺陷，使材料致密化，可以改善疲劳性能从而获得与铸造和锻造材料相当的性能。

在机械零件的断裂现象中，80%以上都属于疲劳断裂。影响疲劳强度的因素有很多，其中主要有应力循环特性、材料的本质、残余应力和表面质量等。在生产中常采用各种材料表面强化处理技术,使金属的表层获得有利于提高材料疲劳强度的残余压应力分布。这些表面强化技术包括喷丸、滚压、渗碳、渗氮和表面淬火等。此外,降低零件表面的粗糙度也可以显著地提高材料的疲劳极限。

三、冲击韧性

材料的韧性是指材料在塑性变形和断裂的全过程中吸收能量的大小,它是材料塑性和强度的综合表现。材料的韧性与脆性是两个意义上完全相反的概念,根据材料的断裂形式可分为韧性断裂和脆性断裂。冲击韧性是指材料在冲击载荷的作用下,抵抗变形和断裂的能力。

目前,国内外对于增材制造制件的冲击韧性研究取得了一定的进展,研究表明,冲击韧性受材料特性的影响,不同材料的增材制造制件表现出不同的冲击韧性。

四、屈服强度

材料在拉伸过程中,出现载荷不增加或开始下降,而零件还继续伸长的现象称为屈服现象,屈服时所对应的应力为屈服强度,又称屈服极限,屈服强度是表征金属发生明显塑性变形的抗力;通常规定产生0.2%残余伸长的应力作为名义屈服强度。

零件在正常工作中,一般不允许发生塑性变形。要求特别严格的零件,应该根据材料的弹性极限和比例极限设计。要求不十分严格的零件,则应以材料的屈服强度作为设计和选材的主要依据。

五、抗拉强度

抗拉强度又称强度极限,是零件拉断前最大载荷所决定的条件临界应力。抗拉强度的物理意义是表征材料对最大均匀变形的抗力,表征材料在拉伸条件下所能承受最大载荷的应力值。抗拉强度与材料的分子结构、晶体排列、材料成分、温度等因素密切相关。不同材料具有不同的抗拉强度,如金属、塑料、纤维和复合材料等。

高抗拉强度的材料通常适用于需要承受大拉力和张力的工程应用。抗拉强度也是材料设计和选择的重要参考指标之一。根据具体的应用需求,需要考虑材料的抗拉强度,以确保所选材料能够承受预期的载荷和应力,避免材料破坏或失效。

六、弯曲强度

弯曲强度是指材料在弯曲负荷作用下破裂或达到规定弯矩时能承受的最大应力,此应力为弯曲时的最大正应力。它反映了材料抗弯曲的能力,用来衡量材料的弯曲性能。横力弯曲时,弯矩随截面位置变化,一般情况下,最大正应力发生于弯矩最大的截面上,且离中性轴最远处。因此,最大正应力不仅与弯矩有关,还与截面形状和尺寸有关。最大正应力计算公式为:$\sigma_{max} = \dfrac{M_{max}}{W}$,其中$M_{max}$为最大弯矩,$W$为抗弯截面系数。

七、断裂伸长率

材料的断裂伸长率一般用断裂时的相对伸长率,即材料断裂时长度的增加量与其初始长度之比,以百分率表示。它是表征材料韧性和延展性的重要指标之一,其数值越大,代表材料更具有韧性和延展性,材料的断裂伸长率用 A 表示。

$$A = \frac{L-L_0}{L_0} \times 100\%$$

式中,L_0 为试样的原始长度(mm);L 为试样的断后长度(mm)。

材料的断裂伸长率是决定材料加工条件及其制品使用性能的重要指标之一。

八、断面收缩率

断面收缩率是指在成型过程中,材料的断面缩小的程度,断面收缩率可以用来衡量材料在成型过程中的变形情况,并且是决定成型精度的重要因素之一。断面收缩率用 Z 表示。

$$Z = \frac{S_0-S}{S_0} \times 100\%$$

式中,S_0 为试样原始横截面积(mm^2);S 为试样断后最小横截面积(mm^2)。

断面收缩率是一个百分比,表示材料断面在成型过程中缩小的程度,断面收缩率越大,表示材料断面在成型过程中缩小的程度就越大,成型精度就越低;相反,断面收缩率越小,表示材料断面在成型过程中缩小的程度就越小,成型精度就越高。

九、热塑性材料与热固性材料

1. 热塑性材料

热塑性材料的热加工过程只是一个物理变化的过程,在一定温度条件下,材料能软化或熔融成任意形状,加热后的熔融体在冷却时变硬,在反复加热冷却后,其性能并没有发生变化且可以重复多次。因此,热塑性材料可以进行塑料再塑化再加工,其塑料制品可以重复回收,经加工后材料再利用。这类材料的优点是易加工成型,力学性能良好,可回收利用;其缺点在于耐热性和刚性较差。

2. 热固性材料

热固性材料的加热过程发生了化学变化,分子间形成了共价键成为体型分子。在冷却之后继续加热,在进一步升温的过程中导致共价键破坏,从而原材料的化学结构也随之改变。也就是说,热固性材料在一定的温度、压力或者加入固化剂的条件下,经一段时间后形成的制品,在硬化后不再能回收利用了。这类材料的优点在于耐热性和刚性较好,硬度高,尺寸稳定,但加工较难,部分性能较差,且不可回收利用。

十、增材制造制件残余孔隙率的影响

孔隙率指散粒状材料表现体积中材料内部的孔隙占总体积的比例。孔隙的主要作用是降低应力,防止制件发生快速断裂。

对于高孔隙率样品,断裂应力低于屈服强度,应变测量的伸长率也随之较低。随着孔隙率的降低,强度显著增加,接近屈服强度。然而,由于应力-应变曲线的弹性部分的陡坡,断裂应变仍然很低,小于10%。对于10%~15%范围内的残余孔隙率,断裂应力低于屈服强度并低于拉伸强度,导致可测量塑性在 10%～30%。孔隙率低于约 5%时,零件恢复 50%～60%的全延展性。孔隙会促使裂纹扩展,从而使机械性能降低,因此制造高密度零件通常是增材制造工艺优化的首要目标。

十一、增材制造不同材料的常见缺陷

(1) 在利用激光熔融沉积工艺制造大型零件时,高功率激光束长期循环往复运动,其中的主要工艺参数、外部环境、熔池熔体状态的波动和变化、扫描填充轨迹的变换等不连续和不稳定,都可能在零件内部沉积层与沉积层之间、沉积道与沉积道之间、单一沉积层内部等局部区域产生各种特殊的内部缺陷(如层间及道间局部未熔合、气隙、卷入性和析出性气孔,微细陶瓷夹杂物,内部特殊裂纹等),最终影响成型零件的内部质量、力学性能和构件的使用安全性。

增材制造技术成型机理的固有特性"瞬态熔凝过程"会导致制件内部形成微观缺陷,如裂纹、空洞等,其产生的原因包括工艺参数配置不当、内应力以及熔合不良等。

激光快速成型容易产生开裂和裂纹,多发生在树枝晶的晶界,呈现出典型的沿晶开裂特征。熔覆层中的裂纹是凝固裂纹,属于热裂纹范畴。裂纹产生的主要原因是熔覆层组织在凝固温度区间晶界处的残余液相受到熔覆层中的拉应力作用所导致的液膜分离。

(2) 在陶瓷零件方面,现阶段可采用增材制造的陶瓷材料主要包括氧化锆、氧化铝等。由于整个加工过程是快速加热和快速冷却的过程,在制品中会产生很大的热应力,容易出现热裂纹。陶瓷本身具有脆性大、膨胀系数低等特点,所以无论是直接法还是间接法,在成型体积较大的零件时还存在一定的困难。而且在制造小型零件时也容易产生孔洞和表面裂纹。尽管通过预热可以减少热裂纹和内应力,但是过高的预热温度会形成较大的熔池,导致表面粗糙、精度降低。

(3) 塑料零件的常见缺陷,由于采用熔融沉积工艺制造制件时,在制造过程中从底层到顶层具有一定的温度梯度,不像注塑成型制件靠外界压力压模成型,层与层靠材料冷却后自然结合的分子力粘接在一起,从而导致强度有所下降。而且层与层之间在沉积过程中留有一定孔隙,造成层与层之间黏结力不足,使强度低于注塑成型的制件。

单元小结与评价

在学生完成本单元学习的整个过程中,教师通过课件、图片等向学生展示增材制造常用材料的性能要求以及缺陷,让学生明确增材制造材料的重要性。

教师检查,同学们自查和互查,完成考核评价表。

姓名		组别	
单元考核点		得分	备注得分点
对增材制造材料性能方面的查阅,自主学习习惯养成			
分组阐述对增材制造材料各参数的理解,探究精神			
分组分析、讨论增材制造材料的缺陷			

学习单元 2　叠层实体制造常用材料

单元引导

（1）叠层实体制造成型材料的类型。
（2）对于叠层实体制造成型材料纸材的要求。

知识链接

一、叠层实体制造成型材料的类型

叠层实体制造中的成型材料为薄层材料，层与层之间是靠热熔胶粘接在一起的。主要原型材料是纸材材料，同时还可以使用陶瓷片、金属和塑料薄膜等。

二、叠层实体制造材料的要求

叠层实体快速成型工艺中的成型材料涉及三个方面的问题，即薄层材料、黏结剂和涂布工艺。薄层材料可分为纸、塑料薄膜、金属箔等。目前的叠层实体制造成型材料中的薄层材料多为纸材，而黏结剂一般为热熔胶。纸材料的选取、热熔胶的配置及涂布工艺均要从保证最终成型零件的质量出发，同时要考虑成本。

对于叠层实体制造纸材的性能，要求厚度均匀，具有足够的抗拉强度以及黏结剂有较好的湿润性、涂控性和粘接性等。对黏结剂性能的基本要求是，在叠层实体制造成型过程中，通过热压装置的作用使材料逐层粘接在一起，形成所需的制件。材料品质的优劣主要表现为成型件的粘接强度、硬度、可剥离性、防潮性能等。

1. 对于叠层实体制造成型材料纸材的要求

（1）抗湿性，保证纸原料（卷轴纸）不会因时间长而吸水，从而保证热压过程中不会因水分的损失而产生变形及粘接不牢。纸的施胶度可用来表示纸张抗水能力的大小。

（2）良好的浸润性，保证良好的涂胶性能。

（3）抗拉强度，保证在加工过程中不被拉断。

（4）收缩率小，保证热压过程中不会因部分水分损失而导致变形，可用纸的伸缩率参数计量。

（5）剥离性能好，因剥离时破坏发生在纸张内，要求纸的垂直方向抗拉强度不是很大。

（6）易打磨，表面光滑。

（7）稳定性，成型零件可长时间保存。

2. 用于叠层实体制造的黏结剂的要求

用于叠层实体制造的黏结剂通常为加有某些特殊添加组分的热熔胶，它的性能要求是：

（1）良好的热熔冷固性能（室温固化）。
（2）在反复"熔融-固化"条件下其物理化学性能稳定。
（3）熔融状态下与薄片材料有较好的涂挂性和涂匀性。
（4）足够的粘接强度。
（5）良好的废料分离性能。

热熔胶的种类很多，其中 EVA 型热熔胶需求量最大，应用范围最广，占热熔胶总量的 20% 左右。EVA 型热熔胶由共聚物 EVA 树脂、增黏剂、蜡类和抗氧剂等组成。增黏剂的作用是增加对被粘物体的表面黏附性和胶接强度。随着增黏剂用量的增加，流动性、扩散性变好，能提高胶接面的润湿性和初黏性。但增黏剂用量过多时，胶层变脆，内聚强度下降。为了防止热熔胶热分解、变质和胶接强度下降，延长热熔胶的使用寿命，一般加入 0.5%~2.0% 的抗氧剂；为了降低成本，降低固化时的收缩率和过度渗透性，有时加入填料。

叠层实体制造原型的用途不同，对薄片材料和热熔胶的要求也不同。当叠层实体制造原型用作功能构件或代替木模时，满足一般性能要求即可。若将叠层实体制造原型作为消失模进行精密熔模铸造，则要求高温灼烧时叠层实体制造原型的发气速度较小，发气量及残留灰分较少等。而用叠层实体制造原型直接作模具时，还要求片层材料和黏结剂具有一定的导热和导电性能。

目前叠层实体制造技术能成熟使用的材料相比熔融沉积设备要少很多，最为成熟和常用的材料是涂有热敏胶的纤维纸。由于原材料的限制，打印出的最终产品在性能上仅相当于高级木材，一定程度上限制了该技术的推广和应用。

3. 涂布工艺

涂布工艺有涂布形状和涂布厚度两个方面。

涂布形状是指采用均匀式涂布还是非均匀式涂布，非均匀涂布又有各种形状。均匀式涂布采用狭缝式刮板进行涂布，非均匀式涂布有条纹式和颗粒式。一般而言，非均匀式涂布可以减小应力集中，但涂布设备价格昂贵。

涂布厚度是指在纸材上涂多厚的热熔胶，选择涂布厚度的原则是在保证可靠粘接的情况下，尽可能涂得薄，以减小变形、溢胶和错移。

单元小结与评价

在学生完成本单元学习的整个过程中，教师通过视频、图片、网络资源等向学生展示叠层实体制造常用材料的类型、组成和要求。

教师检查，同学们自查和互查，完成考核评价表。

姓名		组别	
单元考核点		得分	备注得分点
阐述叠层实体制造材料类型			
阐述叠层实体制造对纸材的要求			
分组分析叠层实体制造热熔胶的性能要求以及涂布工艺			
成本意识、质量意识的培养			

学习单元 3　光固化成型与数字光处理快速成型常用材料

单元引导

（1）光固化成型工艺常用的材料以_____为主。
（2）光固化成型材料是由_____与_____组成的。

知识链接

无论是光固化成型（SLA）还是数字光处理快速成型（DLP）都是利用液态光敏聚合物在光照下固化的特征进行成型加工，目前常用的打印材料以液态光敏树脂为主。

一、树脂材料

树脂是塑料制品中的主要原料，常温下是固态、半固态甚至是液态的有机聚合物，一般不溶于水，能溶于有机物。按树脂的来源可分为天然树脂和合成树脂；按加工行为可分为热塑性树脂和热固性树脂；按合成反应类型可分为加聚物和缩聚物。

1. 天然树脂

天然树脂主要来源于植物渗（泌）出物的无定形半固体或固体有机物。特点是受热时变软，可熔化，在应力作用下有流动倾向，一般不溶于水，而能溶于醇、醚、酮及其他有机溶剂。这类物质种类繁多，来源于植物者，主要有松香、大漆、琥珀和玛树脂等；来源于动物者，主要有虫胶，它是紫胶虫的分泌物。天然树脂主要用作涂料，也可用于造纸、绝缘材料、胶粘剂、医药、香料等的生产过程；有些可作装饰工艺品的原料（如琥珀）；还有的如加拿大胶，其折光指数与普通玻璃相似，故作为显微镜等光学器材的透明胶黏剂。由于合成树脂的发展，天然树脂的应用日趋减少。

2. 合成树脂

合成树脂是指由简单有机物经化学合成或某些天然产物经化学反应而得到的树脂产物。常见的有聚乙烯（PE）、聚氯乙烯（PVC）、聚苯乙烯（PS）、聚丙烯（PP）和丙烯腈-丁二烯-苯乙烯共聚物（ABS）五大合成树脂，此外还有酚醛树脂、丙烯酸树脂、环氧树脂、氨酯树脂、聚醚砜树脂、全氟碳化物树脂等。

光固化材料由光固化实体材料与支撑材料组成，其中支撑材料根据固化方式的不同分为相变蜡材料和光固化支撑材料。光固化材料通常称作光敏树脂，如环氧树脂、光敏乙烯醚、光敏丙烯树脂等，主要由齐聚物、反应性稀释剂（活性单体）、光引发剂及其他助剂组成。

二、光固化成型树脂性能要求

用于光固化成型树脂除了具备能够固化成型，成型后制件的形状、尺寸稳定两个基本条件之外，一般还应具有以下性能：

（1）光敏性好，对紫外光响应率要高，固化迅速，具有较小的临界曝光值和较大的固化穿透深度。

（2）黏度低，利于树脂较快流平，便于操作。

（3）固化收缩小，减少零件变形、翘曲、开裂等，利于成型出高精度零件。

（4）固化程度高，可以减少后固化收缩，从而减少后固化变形。

（5）湿态强度高，较高的湿态强度可以保证后固化过程不产生变形、膨胀及层间剥离。

（6）溶胀小，由于在成型过程中固化产物一直浸润在液态树脂中，湿态成型件在液态树脂中的溶胀造成零件尺寸偏大。

（7）毒性小，利于操作者的健康和环保。

三、光敏树脂简介

光敏树脂，俗称紫外线固化无影胶或 UV 树脂（胶），主要由聚合物单体与预聚体组成，其中加有光（紫外光）引发剂，或称为光敏剂。一定波长紫外光的照射会立刻引起聚合反应，完成固态化转换。

有些物质遇光会改变其化学结构，光敏树脂就是这样一种物质。它是由高分子组成的胶状物质。这些高分子如同散乱的链式交联的篱网状碎片，在紫外线照射下，这些高分子结合成长长的交联聚合物高分子。在键结时，聚合物由胶质树脂转变成坚硬的物质。

四、光敏树脂的组成

用于光固化快速成型的材料为液态光敏树脂，或称为液态光固化树脂，如光敏环氧树脂、光敏环氧丙烯酸酯、光敏丙烯树脂等，是在光能作用下会敏感地产生物理变化或化学反应的树脂，液态光敏树脂主要由齐聚物、稀释剂、光引发剂组成。

齐聚物是光敏树脂的主体，是一种含不饱和官能团的基料，它的末端有可以聚合的活性基团，一旦有了活性种，就可以继续聚合长大，一经聚合，分子量上升极快，很快就可成为固体，齐聚物决定了光固化成型材料的基本物理和化学性能。

光引发剂是激发光敏树脂交联反应的特殊基团，当受到特定波长的光子作用时，它会变成具有高度活性的自由基团，作用于基料的高分子聚合物，使其产生交联反应，由原来的线状聚合物变为网状聚合物，从而呈现固态。光引发剂的性能决定了光敏树脂的固化程度和固化速度。

稀释剂是一种功能性单体，结构中含有不饱和双键，如乙烯基、烯丙基等，可以调节齐聚物的黏度，但不容易挥发，且可以参加聚合。稀释剂一般分为单官能度、双官能度和多官能度。

此外，常规的添加剂还有阻聚剂、UV 稳定剂、消泡剂、流平剂、光敏剂、天然色素等，其中阻聚剂非常重要，它可以保证液态光敏树脂在容器中保存较长的时间。

光引发剂受到一定波长的紫外光辐射时，会吸收光能，引发齐聚物与活性单体产生聚合固化反应；稀释剂主要起到稀释作用，保证光敏树脂在室温下有足够的流动性。光引发剂和稀释剂的用量对光敏树脂的固化速度和质量有非常重要的影响，在一定范围内，增加光引发剂的用量可以适当加快固化速度,但若超出一定范围继续增加,固化速度就会降低;稀释剂用量对液面流平影响较大,加大用量可以使液体黏度降低,流平性好,但如果使用过量,各线性分子链间隔过大,导致彼此相遇发生交联的机会下降,势必影响固化速度和质量。

根据光引发剂的引发机理,光敏树脂可以分为三类:自由基光固化树脂、阳离子光固化树脂、混杂型光固化树脂,其中混杂型光固化树脂材料是光固化成型工艺研制出的新型材料。

1. 自由基光固化树脂

目前用于光固化成型材料的自由基光固化树脂主要有以下三类。

(1) 环氧树脂丙烯酸酯,该类材料聚合快、原型强度高,但脆性大且易泛黄。

(2) 聚酯丙烯酸酯,该类材料流平性较好,固化质量也较好,成型制件的性能可调范围较大。

(3) 聚氨酯丙烯酸酯,该类材料生成的原型柔顺性和耐磨性好,但聚合速度慢。

2. 阳离子光固化树脂

阳离子光固化树脂的主要成分为环氧化合物。用于光固化成型工艺的阳离子型齐聚物和活性稀释剂通常为环氧树脂和乙烯基醚。环氧树脂是最常用的阳离子型齐聚物。阳离子光固化树脂的优点如下:

(1) 固化收缩小,预聚物环氧树脂的固化收缩率为2%~3%,而自由基光固化树脂的预聚物丙烯酸酯的固化收缩率为5%~7%。

(2) 产品精度高。

(3) 阳离子聚合物产生活性聚合,在光熄灭后可继续引发聚合。

(4) 氧气对自由基聚合有阻聚作用,而对阳离子光固化树脂则无影响。

(5) 黏度低。

(6) 生坯件强度高。

(7) 产品可以直接用于注塑模具。

3. 混杂型光固化树脂

混杂型光固化树脂是以固化速度较快的自由基光固化树脂材料为骨架结构,再以收缩、变形小的阳离子光固化树脂材料为填充物,制成混杂型光固化树脂材料,其优点主要如下:

(1) 环状聚合物进行阳离子开环聚合时,体积收缩很小甚至产生膨胀,而自由基体系总有明显的收缩。混杂型体系可以设计成无收缩的聚合物。

(2) 当系统中有碱性杂质时,阳离子聚合的诱导期较长,而自由基聚合的诱导期较短,混杂型体系可以提供诱导期短而聚合速度稳定的聚合系统。

(3) 在光照消失后阳离子仍可引发聚合,故混杂体系能克服光照消失后自由基迅速失活而使聚合终结的缺点。

五、光敏树脂的特性

在激光照射下,光敏树脂从液态向固态转变,达到一种凝胶态。凝胶态是一种液态和固态之间的临界状态,此时,黏度无限大,模量(Y)为零。激光的曝光量(E)必须超过一定的阈值（E_C），当曝光量低于 E_C 时，由于氧的阻聚作用，光引发剂与空气中的氧发生作用，而不是单体作用，液态树脂无法固化。当曝光量超过阈值后，树脂的模量按负指数规律向该树脂的极限模量逼近，模量与曝光量的关系：

$$Y_E = \begin{cases} 0, E < E_C \\ Y_{max}\{1-\exp[-\beta(E/E_C-1)]\}, E \geq E_C \end{cases}$$

$$\beta = K_P E_C / Y_{max}$$

式中，β 为树脂的模量-曝光量常数；Y_{max} 为树脂的极限模量；E_C 为树脂的临界曝光量；K_P 为比例常数。

1. 光敏树脂的优点

光敏树脂是一种既古老又崭新的材料，与一般固化成型材料比较，由于光固化成型所用的光源是单色光，不同于普通的紫外光，同时对固化速率又有更高的要求，因此用于光固化成型的光敏树脂具有下列优点：

（1）黏度低。光固化是根据 CAD 模型，树脂一层层叠加成零件。当完成一层后，由于树脂表面张力大于固态树脂表面张力，液态树脂很难自动覆盖已固化的固态树脂的表面，必须借助自动刮板将树脂液面刮平涂覆一次，而且只有待液面流平后才能加工下一层。这就需要树脂有较低的黏度，以保证其较好的流平性，便于操作。现在树脂黏度一般要求在 600 Pa·s（30 ℃）以下。

（2）固化收缩小。液态树脂分子间的距离是范德华力作用距离，为 0.3~0.5 nm。固化后，分子发生了交联，形成网状结构，分子间的距离转化为共价键距离，约为 0.154 nm，显然固化后分子间的距离减小。分子间发生一次加聚反应距离就要减小 0.125~0.325 nm。虽然在化学变化过程中，C=C 转变为 C—C，键长略有增加，但对分子间作用距离变化的贡献是很小的。因此，固化后必然出现体积收缩。同时，固化前后由无序变为较有序，也会出现体积收缩。收缩对成型模型十分不利，会产生内应力，容易引起模型零件变形，产生翘曲、开裂等，严重影响零件的精度。因此，开发低收缩的树脂是目前光固化成型所用树脂面临的主要问题。

（3）固化速率快。一般成型时以每层厚度 0.1~0.2 mm 进行逐层固化，完成一个零件要固化数百至数千层。因此，如果要在较短时间内制造出实体，固化速率是非常重要的。激光束对一个点进行曝光时间仅为微秒至毫秒的范围，几乎相当于所用光引发剂的激发态寿命。低固化速率不仅影响固化效果，同时也直接影响着成型机的工作效率，很难适用于商业生产。

（4）溶胀小。在模型成型过程中，液态树脂一直覆盖在已固化的部分工件上面，能够渗入到固化件内而使已经固化的树脂发生溶胀，造成零件尺寸发生增大。只有树脂溶胀小，才能保证模型的精度。

（5）高的光敏感性。由于光固化成型所用的是单色光，这就要求感光树脂与激光的波长必须匹配，即激光的波长尽可能在感光树脂的最大吸收波长附近。同时，感光树脂的吸收波长范围应窄，这样可以保证只在激光照射的点上发生固化，从而提高零件的制作精度。

（6）固化程度高。可以减少后固化成型模型的收缩，从而减少后固化变形。

（7）湿态强度高。较高的湿态强度可以保证后固化过程不产生变形、膨胀及层间剥离。

2. 光敏树脂的缺点

（1）耐久性较差。在长时间使用、高温或高湿的环境下，光敏树脂容易变形或开裂。

（2）对光源要求高。需要特定的波长和强度的光源来引发反应，这限制了使用环境。

（3）成型件物理性能受限。光敏树脂的成型件可能脆性较大，强度较差，需要复杂的支撑结构以避免形变。

六、几种光敏树脂介绍

1. 3D Systems 公司 Accura 系列光固化材料特性和应用场合（见表 1-3-2）

表 1-3-2　Accura 系列光固化材料特性和应用场合

型号	原型特性	应用
Accura Si40	既具有高耐热性，又有韧性	适用于汽车应用，制件透明，具有高的劲度和适中的伸长率，能被钻孔、攻螺纹
Accura Bluestone	具有较高的刚度和耐热性	适合于空气动力学实验、照明设备等以及真空注型或热成型模具的母模等
Accura Si 45HC	固化速度快，具有良好的耐热耐湿性	适合制作功能原型
Accura Si 30	适中硬度、低黏度、易清洗	适合于精细特征结构的制作
Accura Si 20	固化后呈持久的白色，具有较好的刚度和耐湿性以及较快的构建速度	适合于较精密的原型、硅橡胶真空注型的母模等
Accura Si 10	强度和耐湿性好，原型的精度和质量好	适用于"QuickCast"式样，熔模铸造
Accura Amethyst	综合性能好	适合于制作高品质、精确珠宝式样，精美细致的原版模型，并可用作直接铸件

2. Etech D-tough 光固化高透树脂

Etech D-tough 光固化高透树脂是一款强韧性灰色光固化成型树脂，具有较高的断裂伸长率和抗冲击强度，如图 1-3-1 所示。

图 1-3-1　Etech D-tough 光固化高透树脂

它特别适合于功能性验证模型的制作，具有高韧性、表面质量优异、精细度高、高强度的特点。外观为灰色不透明液体，黏度为 487 cps@30 ℃，其性能参数如表 1-3-3 所示。

表 1-3-3　Etech D-tough 光固化高透树脂的性能参数

项目	性能	测量方法	典型值
机械性能	拉伸强度	ASTM D638	30.6 MPa
	拉伸模量	ASTM D638	985 MPa
	断裂伸长率	ASTM D638	55.0%
	弯曲强度	ASTM D790	41 MPa
	弯曲模量	ASTM D790	1 385 MPa
	冲击强度	ASTM D256	34.0 J/m
	邵氏硬度	ASTM D2240	80D
热学性能	热变形温度@ 0.455 MPa	ASTM D648	52.2 ℃
	热变形温度@ 1.82 MPa	ASTM D648	45.0 ℃

3. UTR9000 光敏树脂

UTR9000 光敏树脂具有超高韧性，类似于 ABS，呈白色，其制件刚性较好，锐角较好，底部收缩极小，表面细节极佳。该类型适用于耐久性好、细节要求高的行业，如汽车部件、玩具、工艺品等，其性能参数如表 1-3-4 所示。

表 1-3-4　UTR9000 光敏树脂性能参数

项目	性能	单位	数值
物理性质	密度	g/cm³	1.13
	黏度@ 28 ℃	cP	355
	黏度@ 30 ℃	cP	320
	固化深度	mm	0.14
	临界曝光点	mJ/cm²	9.3
	建造厚度	mm	0.1
	后固化方法		90 min UV 固化
固化后材料性能	硬度	ShoreD	86
	弯曲模量	MPa	2 692~2 775
	弯曲强度	MPa	69~74
	拉伸模量	MPa	2 589~2 695
	拉伸强度	MPa	38~56
	断裂延长率	%	12~20
	缺口冲击强度	J/m	48~55
	热变形温度	℃	52
	玻璃化转变温度	℃	62

七、光敏树脂材料的未来发展

随着科技的不断发展，世界材料巨头赢创、巴斯夫、科思创、帝斯曼、汉高、Liqcreate 陆续建立增材制造部门或分公司，研发光敏树脂新型材料，光敏树脂材料也在不断创新与改进，为工业制造、光电子技术和生物医学等领域带来更好的应用和发展机会。

（1）高效化。新一代光敏树脂将更加注重提高固化速度和效率，以满足生产工业化需求。这可以通过改进树脂的化学配方、添加高效固化剂或使用新型光源来实现。

（2）多功能化。光敏树脂不仅可以实现 3D 打印，还可以用于制造微光学元件、光电子器件和光子芯片等领域。未来的光敏树脂可能会具备多种功能，如光学透明度、电导率和机械强度等。

（3）高精度化。光敏树脂的分辨率和精度将进一步提高，这可以通过改进光敏树脂的固化机理、优化 3D 打印工艺参数和改进光照系统等方式来实现。

（4）环保化。未来的光敏树脂可能会更加注重环境友好性。研发出更加环保的树脂配方，并减少对危险化学品的依赖，将是一个重要的发展方向。

（5）应用领域的拓展。除了传统的制造和光电子领域，光敏树脂还有很大的应用潜力。例如，在生物医学领域，光敏树脂可用于制造可拟合医疗器械和仿生组织，促进生物医学科学的发展。

（6）光敏树脂有望实现更高的分辨率，进一步提高打印精度。光敏树脂的耐温性和耐化学性也将得到改善，以满足更广泛的应用需求。随着研发的深入，新的光敏树脂材料将不断涌现，为增材制造带来更多可能性。

单元小结与评价

在学生完成本单元学习的整个过程中，教师通过视频、图片、网络资源等向学生展示光固化成型工艺对光敏树脂的性能要求以及光敏树脂的组成、特性、未来发展，加深对光固化成型的认识。

教师检查，同学们自查和互查，完成考核评价表。

姓名		组别	
考核项目		得分	备注得分点
阐述树脂类材料的组成			
阐述光敏树脂的组成、特性			
分组探讨、查阅光敏树脂的未来发展，交流沟通能力			
标准意识、规范意识的养成			

学习单元 4　熔融沉积成型常用材料

单元引导

（1）熔融沉积成型对材料的性能要求。
（2）熔融沉积成型材料的类型及特点。

知识链接

熔融沉积成型工艺是通过喷头挤出材料，喷头温度的控制非常重要，要使材料挤出时既保持一定的形状又有良好的黏结性能，制件还要有较好的强度、稳定性，因此成型材料的相关性能也是该工艺应用过程中的关键。图 1-3-2 所示为熔融沉积成型工艺制作的玩具。

图 1-3-2　熔融沉积成型工艺制作的玩具

一、熔融沉积成型工艺对材料的性能要求

（1）低黏度，易于挤压。熔融沉积成型工艺的材料是从喷嘴中挤出，因此，材料必须有较低的黏度，以便达到适当的流量，有助于材料的顺利挤出。由于较高的黏度会导致塑料材料难以挤出，这样就会影响到打印过程中的精度和质量。

（2）足够的黏附力。在熔融沉积成型工艺中，打印机一般会在完成一层后停下来，等待材料冷却和固化，这样可能导致打印出的材料变形。为了避免这种情况，材料必须具有足够的黏附力，确保层与层之间可以紧密黏附在一起，同时尽量减少或消除任何变形。

（3）熔融温度要低。低熔融温度的材料可使材料在较低温度下挤出，减少材料在挤出前后的温差和热应力，从而提高原型的精度，延长喷头和整个机械系统的使用寿命。

（4）较小的收缩率。熔融沉积成型工艺喷头内部需要保持一定的压力才能将成型材料顺利挤出，挤出后成型材料一般会发生一定程度的膨胀。如果成型材料的收缩率对压力比较敏感，则喷头挤出的成型材料直径与喷嘴直径相差较大，影响成型精度。

（5）足够的强度和稳定性。熔融沉积成型工艺制造的模型通常是由很多薄层建立而成的，因此有时可能会遇到层间接合不良的问题，这会导致模型强度不足，甚至是破裂。此外，有些材料可能会因为温度变化或者受潮而失去稳定性，从而导致变形或失真。

（6）易于后处理。熔融沉积成型工艺制造的模型通常需要进行后处理，如打磨、切割或者钻孔等。因此，材料必须易于后处理，即钻孔或扩口过程中，不会出现材料折断或者塑料粉末打散等情况。

熔融沉积成型工艺采用热塑性材料，如 ABS、PLA、碳纤维复合材料等，近年来发展出 PC、PEEK、PPSF 等具有高强度的热塑性新型材料，可以进一步制造出一系列新型功能性零件结构或产品。

二、熔融沉积成型工艺的常见材料

1. ABS 材料

ABS 材料的外观为不透明且呈象牙色，无毒、无味、吸水率低，其制品可着成各种颜色，并具有 90% 的高光泽度。ABS 同其他材料的结合性好，易于表面印刷、涂层和镀层处理。ABS 的氧指数为 18.2，属易燃聚合物，火焰呈黄色，有黑烟，烧焦但不滴落，并发出特殊的肉桂味。

ABS 材料熔体的流动性比 PVC 和 PC 好，但比 PE、PA 及 PS 差，与 POM 和 HIPS 类似。ABS 材料的流动特性属非牛顿流体，其熔体黏度与加工温度和剪切速率都有关系，但对剪切速率更为敏感。

ABS 材料是目前产量最大，应用最广泛的热塑性材料，是丙烯腈、丁二烯、苯乙烯三元共聚物，其中 A 代表丙烯腈，B 代表丁二烯，S 代表苯乙烯。大部分 ABS 是无毒的，不透水，但略透水蒸气，吸水率低。ABS 树脂制品表面可以抛光，能得到高度光泽的制品。

ABS 具有抗冲击性、耐热性、耐低温性、耐化学药品性及电气性能优良，还具有易加工、制品尺寸稳定、表面光泽性好等特点，容易涂装、着色，还可以进行表面喷镀金属、电镀、焊接、热压和粘接等二次加工，ABS 的颜色种类很多，如象牙色、白色、黑色、深灰色、红色、蓝色等，广泛应用于机械、汽车、电子电器、仪器仪表、纺织和建筑等工业领域，是一种用途极广的热塑性工程塑料，如图 1-3-3 所示。

图 1-3-3　ABS 材料

2. PC 材料

PC 即聚碳酸酯，是分子链中含有碳酸酯基的高分子聚合物，根据酯基的结构可分为脂肪族、芳香族、脂肪族-芳香族等多种类型。

PC材料为无定形、无臭、无毒、高度透明的无色或微黄色热塑性工程塑料，对人体无害。它具有优良的物理机械性能，尤其是耐冲击性优异，拉伸强度、弯曲强度、压缩强度高，蠕变性小，尺寸稳定。它还具有良好的耐热性和耐低温性，在较宽的温度范围内具有稳定的力学性能和尺寸稳定性；无明显熔点，在220～230 ℃呈熔融状态；由于分子链刚性大，树脂熔体黏度大；吸水率小，收缩率小，尺寸精度高，尺寸稳定性好，薄膜透气性小，属自熄性材料；对光稳定，但不耐紫外光，耐候性好；耐油、耐酸、不耐强碱、氧化性酸及胺酮类，溶于氯化烃类和芳香族溶剂，长期在水中易引起水解和开裂，缺点是因抗疲劳强度差，容易产生应力开裂，抗溶剂性差，耐磨性欠佳。PC材料可用于光盘、汽车、办公设备、箱体、包装、医药、照明、薄膜等多个领域。

3. PP材料

PP即聚丙烯，是由丙烯聚合而制得的一种热塑性树脂，它是通过单体丙烯的链增长聚合生产的。聚丙烯属于聚烯烃类，是部分结晶和非极性的。其性能与聚乙烯相似，但硬度稍高，耐热性更好。它是一种白色的机械坚固材料，具有很高的耐化学性。

聚丙烯在许多方面与聚乙烯相似，尤其是在溶液行为和电性能方面。甲基提高了机械性能和耐热性，尽管耐化学性降低了。聚丙烯的性能取决于分子量和分子量分布、结晶度、共聚单体的类型、比例以及等规度。例如，在全同立构聚丙烯中，甲基定向在碳主链的一侧。这种排列产生了更大程度的结晶度，并导致比无规立构聚丙烯和聚乙烯更能抵抗蠕变的更硬材料。

聚丙烯的熔点出现在一个范围内，所以熔点是通过找出差示扫描量热图的最高温度来确定的。完全等规聚丙烯的熔点为171 ℃。商业等规聚丙烯的熔点范围为160～166 ℃，具体取决于无规材料和结晶度。结晶度为30%的间规PP的熔点为130 ℃，低于0 ℃时，PP变脆。

PP材料在熔融温度下有较好的流动性，成型性能好，PP材料在加工上有两个特点：一是PP材料熔体的黏度随剪切速度的提高而有明显下降（受温度影响较小），二是分子取向程度高而呈现较大的收缩率。

PP材料是所有合成树脂中密度最小的，仅为0.90～0.91 g/cm^3，是PVC密度的60%左右。这意味着用同样质量的原料可以生产出数量更多同体积的产品。

PP材料的拉伸强度和刚性都比较好，但冲击强度较差，特别是低温时耐冲击性差。此外，如果制品成型时存在取向或应力，冲击强度也会显著降低。虽然抗冲击强度差，但经过填充或增强等改性后，其机械性能在许多领域可与成本较高的工程塑料相竞争。

PP材料的表面硬度在五类通用塑料中属低等，仅比PE好一些。当结晶度较高时，硬度也相应增加一些，但仍不及PVC、PS、ABS等。

PP材料制品可在100 ℃下长时间工作，在无外力作用时，PP制品被加热至150 ℃时也不会变形。在使用成核剂改善PP的结晶状态后，其耐热性还可进一步提高，甚至可以用于制作在微波炉中加热食品的器皿。

成型制品中有残留应力，或者制品长时间在持续应力下工作，会造成应力开裂现象。有机溶剂和表面活性剂会显著促进应力开裂。因此应力开裂试验均在表面活性剂存在下进行。常用的助剂为烷基芳基聚乙醇。试验表明，PP在表面活性剂浸泡时的耐应力开裂性能和在空气中一样，有良好的抵抗能力，而且PP材料的熔体流动速率越小（分子量越大），耐应力开裂性越强。

4. PLA 材料

PLA 即聚乳酸，是以乳酸为主要原料聚合得到的聚合物，原料来源充分而且可以再生，主要以玉米、木薯等为原料。聚乳酸的生产过程无污染，而且产品可以生物降解，实现在自然界中的循环，因此是理想的绿色高分子材料。

聚乳酸的热稳定性好，加工温度为 170~230 ℃，有好的抗溶剂性，可用多种方式进行加工，如挤压、纺丝、双轴拉伸、注射吹塑等。由聚乳酸制成的产品除能生物降解外，生物相容性、光泽度、透明性、手感和耐热性好，还具有一定的阻燃性和抗紫外性，因此用途十分广泛，可用作包装材料、纤维和非织造物等，目前主要用于服装（内衣、外衣）、建筑、农业、林业、造纸、医疗卫生等领域。

未来，随着人们对环保材料的需求不断增加，PLA 材料将会得到更广泛的应用。在工业生产中，PLA 材料可以替代传统塑料，降低对环境的污染，推动工业向绿色环保方向发展。在日常生活中，PLA 材料的应用也将更加广泛，带来更多便利的生活方式。同时，随着科技的不断进步，PLA 材料的性能将会不断提升，为其在更多领域的应用打下更坚实的基础，如图 1-3-4 所示。

图 1-3-4　PLA 材料

5. PETG

PETG 是最近才应用于 3D 打印的一种无毒、符合环保要求的生物基聚酯。PETG 是一种低结晶度共聚酯，疏水性良好，具有高光泽表面和良好的注塑加工性能。PETG 用作 3D 打印材料时，兼具了 PLA 和 ABS 的优点，且打印温度低，几乎没有气味，材料收缩率非常低，产品尺寸稳定性好，无翘曲现象产生。因此 PETG 及其衍生物在 3D 打印领域将具有更为广阔的应用前景，如图 1-3-5 所示。

图 1-3-5　PETG 材料

ESUN 开发出一款具有突出韧性和高强度抗冲击性的 PETG，突破了传统聚丙烯酸酯类产品的局限,其抗冲击力是改性聚丙烯酸酯类的 3~10 倍,其与聚氯乙烯(PVC)相比,透明度更高、光泽好,更便于 3D 打印且具有环保的优势。

6. PPSU

PPSU 是一种无定形的热性塑料,具有高度透明性、高水解稳定性。制品可以经受重复的蒸汽消毒,为略带琥珀色的线型聚合物。除强极性溶剂、浓硝酸和硫酸外,对一般酸、碱、盐、醇、脂肪烃等稳定,刚性和韧性好,耐温、耐热氧化,抗蠕变性能优良,耐无机酸、碱、盐溶液的腐蚀,耐离子辐射,无毒,绝缘性和自熄性好,容易成型加工,如图 1-3-6 所示。

图 1-3-6　PPSU 线材

PPSU 塑料的短期耐受温度高达 220 ℃,长期可达 180 ℃,尺寸稳定性良好,能够耐热水及冷冻剂、耐燃油、耐氟性等,凭借出色的特性,PPSU 可用于生产优质技术和高承受负荷的制品,更成为替代金属、硬质聚合物的首要材料。

PPSU 吸收空气中的水分,与干燥新制的注塑模具相比,水分吸收仅引起尺寸的变化,并且导致边缘的冲击强度提高,抗拉强度和弹性模量仅受到轻微影响,PPSU 为具有高强度、高硬度、高韧性以及高能量吸收能力的塑料。由于它的无定形结构,这些特点在较广的范围内保持,甚至在 140~180 ℃ 的条件下,与其他未加强的聚合物相比这些材料仍能够承受相当高的应力。

PPSU 材料已经成为工业领域中使用较广泛的 3D 打印材料之一。其物性参数使其具备了广泛的应用领域,并且能够满足高强度、高温、耐腐蚀等特殊要求。其在医疗、航空航天、工业、汽车等领域的具体应用案例也越来越多。医疗领域中,用于制造医疗设备和器械,如手术器械、牙科模型等;航空航天领域中,用于制造轻量化的飞机零部件,如喷嘴、连接器等;工业领域中,用于制造耐高温、耐腐蚀的工业零部件,如阀门、管道等;汽车领域中,用于制造汽车零部件,如排气系统、油箱等。

7. PEEK

PEEK(聚醚醚酮)塑胶原料是芳香族结晶型热塑性高分子材料,具有机械强度高、耐高温、耐冲击、阻燃、耐酸碱、耐水解、耐磨、耐疲劳、耐辐照及良好的电性能。

PEEK 是现有耐热性最好的热塑性材料之一,熔点为 343 ℃,美国 UL 认证长期使用温度为 260 ℃,即使温度高达 300 ℃时,仍可保持极好的机械性能。PEEK 热变形温度为 135~160 ℃,20%玻纤增强 PEEK 热变形温度为 286 ℃,30%玻纤增强 PEEK 热变形温度为 300 ℃。

PEEK 具有优良的力学性能，是所有树脂中韧性和刚性结合最完美的材料。PEEK 刚性高，其强度和耐疲劳性可以与一些金属和合金材料相媲美，即使在高温下 PEEK 也能保持较高的强度，200 ℃时的弯曲强度可达 24 MPa，250 ℃时弯曲强度和压缩强度可达 12~13 MPa，特别适于制造在高温下连续工作的零件。

PEEK 线性膨胀系数小（接近金属铝），尺寸稳定性好。另外，PEEK 还具有良好的耐蠕变性能，可以在使用期内承受极大的应力，且不会因时间的延长而产生明显延伸。

PEEK 耐水解性好，23 ℃下的饱和吸水率只有 0.5%，在所有工程塑料中，PEEK 具有最好的耐热水性能和耐蒸汽性能，它可在 200 ℃蒸汽中长期使用，或者在 300 ℃高压蒸汽中短期使用。

PEEK 树脂耐剥离性能很好，因此可以制成包覆很薄的电线或电磁线，并在苛刻条件下使用。在所有树脂中，PEEK 具有最好的耐疲劳性。

由于 PEEK 具有优良的综合性能，在许多特殊领域可以替代金属、陶瓷等传统材料。该塑料的耐高温、自润滑、耐磨损和抗疲劳等特性，使之成为当今最热门的高性能工程塑料之一，它主要应用于航空航天、汽车工业、电子电气和医疗器械等领域。

单元小结与评价

在学生完成本单元学习的整个过程中，教师通过视频、图片、网络资源等向学生展示熔融沉积成型对材料的性能要求，让学生熟悉熔融沉积成型材料的名称和特点。

教师检查，同学们自查和互查，完成考核评价表。

姓名		组别	
考核项目		得分	备注得分点
阐述对熔融沉积常见材料的查阅情况，自主学习习惯的养成			
阐述熔融沉积成型对材料的性能要求			
阐述熔融沉积成型常用材料的名称、性能，严谨细致的精神			

学习单元 5　选择性激光烧结成型常用材料

单元引导

（1）选择性激光烧结对成型材料性能的要求。
（2）选择性激光烧结成型最常用的材料是_____。

知识链接

选择性激光烧结成型常用材料是各种粉末，种类繁多，包括金属、陶瓷以及聚合物等粉末，材料来源范围广是选择性激光烧结工艺的突出优点。

针对选择性激光烧结成型材料的研制，国内外很多公司做了大量深入的研发工作，已经成功开发了多种适合打印的材料，在选择性激光烧结成型领域国外比较有代表性是美国的 3D Systems 和德国的 EOS 两家公司。我国对 3D 打印工艺中粉末材料的研发相对于工艺设备而言，具有明显的滞后性，与国外相比还有较大的差距，目前武汉滨湖机电技术有限公司主要产品有 HB 系列粉末材料，包含聚合物、覆膜砂、陶瓷、复合材料等。此外，中北大学、北京航空材料研究院、西北有色金属研究院、北京燕化高科、北京隆源成型、无锡银邦精密制造科技有限公司等也正在研发中。

一、选择性激光烧结对材料性能的要求

选择性激光烧结成型工艺所用材料为粉末材料，国内外研究人员普遍认为当前选择性激光烧结成型工艺的进一步发展受限于烧结用粉末材料。选择性激光烧结成型工艺发展初期，成型件多用于新产品或复杂零部件的效果演示或试验研究，粉末材料成型偏重于产品完整的机械性和表面质量。随着选择性激光烧结技术工业产品需求日趋强烈，选择性激光烧结技术对粉末材料种类、性能和成型后处理工艺等的要求越来越高，因此，材料工程师需要对各类粉末材料的综合性能与局限性进行更深层次的研究。

从理论上讲，任何加热后能相互黏结的粉末材料或表面涂覆有热塑（固）性黏结剂的粉末材料都可用作选择性激光烧结成型材料，但研究表明，目前应用于选择性激光烧结成型工艺比较成熟的粉末材料需要具备以下特征：

（1）适当的导热性，良好的烧结性能，无须特殊工艺即可快速精确地成型原型。
（2）烧结后具有足够的黏结强度。
（3）较窄的"软化~固化"温度范围。
（4）良好的废料清除功能。

选择性激光烧结工艺材料适应面广，不仅能制造塑料零件，还能制造陶瓷、石蜡等材料的零件。特别是可以直接制造金属零件，这使选择性激光烧结工艺颇具吸引力。用于选择性激光烧结工艺的材料有各类粉末，包括金属、陶瓷、石蜡以及聚合物等粉末，其粉末粒度一般在 50~125 μm。选择性激光烧结成型工艺用的复合粉末通常有两种混合型式：一

种是黏结剂粉末与金属或陶瓷粉末按一定比例机械混合；另一种则是把金属或陶瓷粉末放到黏结剂稀释液中，制取具有黏结剂包裹的金属或陶瓷粉末。近年来，常用的选择性激光烧结成型工艺的材料如表 1-3-5 所示。

表 1-3-5 常用的选择性激光烧结成型工艺材料

材料	特性
石蜡	主要用于失蜡铸造、金属型制造
聚碳酸酯	坚固耐热，可以制造微细轮廓及薄壳结构，也可以用于铸造消失模，正逐步取代石蜡
尼龙、纤细尼龙、合成尼龙（尼龙纤维）	都能制造可测试功能零件，其中合成尼龙制件具有最佳的力学性能
钛合金、不锈钢、铜合金等	具有较高的强度，可制作注塑模

二、选择性激光烧结成型常用粉末材料

1. 尼龙粉末（PA）

尼龙即聚酰胺，俗称尼龙，尼龙材料种类繁多，常见的尼龙材料有 PA66、PA6 等。尼龙是一种合成聚合物，耐磨、韧性高、强度大和耐热性好。这些特性使尼龙成为 3D 打印应用的理想选择，尼龙粉末也是选择性激光烧结成型工艺材料中最常用的。

尼龙具有的特点：

（1）尼龙为韧性角状半透明或乳白色结晶性树脂，作为工程塑料的尼龙分子量一般为 1.5 万~3 万。

（2）尼龙具有很高的机械强度，软化点高，耐热性能好。

（3）尼龙的摩擦系数低，耐磨损、自润滑性、吸振性和消声性好，耐油、耐弱酸、耐碱和一般溶剂，电绝缘性好，有自熄性，无毒、无臭、耐候性好。

（4）尼龙的熔体流动性好，制件的壁厚可到 1 mm。

（5）吸水性大，影响尺寸稳定性和电性能，纤维增强可降低树脂吸水率，使其能在高温、高湿下工作。

与其他结晶塑料相似，尼龙树脂存在收缩率较大的问题，一般尼龙的收缩同结晶关系最大，当制品结晶度大时制品收缩率也会加大。尼龙在打印成型时，大收缩率是造成制品翘边的主要问题。PA6 的成型收缩率为 0.8%~2.5%，PA66 的成型收缩率为 1.5%~2.2%。

尼龙的机械性能中如抗拉抗压强度随温度和吸湿量而改变，水对尼龙来说是一种增塑剂，加入玻纤后，其抗拉抗压强度可提高 2 倍左右，耐温能力也相应提高，尼龙本身的耐磨能力非常高，所以可在无润滑下不停操作，如想得到特别的润滑效果，可在尼龙中加入硫化物。

尼龙的应用比较广泛，其韧性、强度优于 ABS，可用来打印结构强度要求高的零件，也可以打印较大的齿轮，价格较贵，大约是 ABS 的三倍。由于尼龙很容易吸湿，储存和打印都需要在干燥箱中，比较麻烦。尼龙材料作为结晶性树脂，在每个单层沉积后冷却时比

其他材料收缩更多，因此，比 ABS、PLA 材料更容易弯曲。

尼龙是一种性能很强的工程热塑性塑料，可用于功能原型制造和成品生产。尼龙是制造复杂组件和耐用部件的理想选择，具有很高的环境稳定性。选择性激光烧结工艺打印的尼龙零件牢固、坚硬、结实并且耐用，具备抗冲击能力，可以承受反复的磨损。

虽然大多数 3D 打印技术使用专有材料，但尼龙因其是一种常见的热塑性塑料而在工业领域大量生产，成为增材制造的最低成本原材料之一。由于选择性激光烧结成型工艺不需要支撑结构，并允许使用回收的粉末进行打印，因此产生的浪费最少。

2. 陶瓷粉末

陶瓷材料是用天然或合成化合物经过成型和高温烧结制成的一类无机非金属材料，具有高熔点、高硬度、高耐磨性以及耐氧化等优点。

1）氧化铝陶瓷（Al_2O_3）

氧化铝是一种无机物，是一种高硬度的化合物，在高温下可电离的离子晶体，常用于制造耐火材料。氧化铝是陶瓷 3D 打印行业最常用到的材料之一，是选择性激光烧结成型工艺中广泛使用的陶瓷材料，它具有机械强度高、绝缘电阻大、硬度高、耐磨、耐腐蚀及耐高温等一系列优良性能，所以广泛应用于电子、机械、化工、建筑及航天等各个领域，用于制造耐火材料。化学式是 Al_2O_3，熔点为 2 054 ℃，沸点为 2 980 ℃，在高温下可电离的离子晶体，是目前氧化物陶瓷中用途最广、产销量最大的陶瓷新材料。

氧化铝原料在天然矿物中的存在量仅次于二氧化硅，大部分是以铝硅盐的形式存在于自然界中的，少量的 $\alpha-Al_2O_3$ 存在于天然刚玉、红宝石、蓝宝石等矿物中。铝土矿是制备工业氧化铝的主要原料，使用焙烧法制备氧化铝。在高性能氧化铝陶瓷的制备中，经常采用有机铝盐加水分解法（将铝的醇盐加水分解制得氢氧化铝，加热煅烧）、无机铝盐的热分解法（用精制硫酸铝、铵明矾、碳酸铝铵盐等通过热分解的方法制备氧化铝粉末）、放电氧化法（高纯铝粉浸于纯水，电极产生高频火花放电，铝粉激烈运动并与水反应生成氢氧化铝，经煅烧制得氧化铝）制得高纯度氧化铝粉末。

氧化铝陶瓷烧结产品的抗弯强度可达 300 MPa，Al_2O_3 陶瓷的莫氏硬度可达到 9，加上具有优良的抗磨损性能等，耐高温特性好。陶瓷精密零件在对耐磨、硬度要求、耐高温、耐腐蚀等有特殊要求的场合有很广泛的应用。

氧化铝陶瓷因为其良好的性能，在电子制造行业有着广泛的应用。3D 打印的氧化铝陶瓷能够满足这些要求，来制作电子绝缘和精密连接相关的精密零件。图 1-3-7 所示为氧化铝陶瓷零件。

图 1-3-7　氧化铝陶瓷零件

2）二氧化硅陶瓷

二氧化硅又称硅石，化学式 SiO_2。自然界中存在有结晶二氧化硅和无定形二氧化硅两种。结晶二氧化硅因晶体结构不同，分为石英、鳞石英和方石英三种。纯石英为无色晶体，大而透明棱柱状的石英叫水晶。若含有微量杂质的水晶带有不同颜色，有紫水晶、茶晶、墨晶等。普通的砂是细小的石英晶体，有黄砂（较多的铁杂质）和白砂（杂质少，较纯净）。

用气相二氧化硅代替气相三氧化二铝添加到 95 瓷里，既可以起到纳米颗粒的作用，同时它又是第二相的颗粒，不但能提高陶瓷材料的强度、韧性，而且提高了材料的硬度和弹性模量等性能，其效果比添加 Al_2O_3 更理想。利用气相二氧化硅来复合陶瓷基片，不但提高了基片的致密性、韧性和光洁度，而且烧结温度大幅降低。

二氧化硅陶瓷粉是以二氧化硅为主要成分制成的陶瓷粉末，它具有高纯度、高热稳定性和化学稳定性等特点，被广泛用于陶瓷制品的制备过程中，二氧化硅陶瓷粉可以达到 99% 以上纯度，因此在陶瓷制品的制备过程中，能够保证产品的质量和稳定性；二氧化硅陶瓷粉能够在高温下保持其结构和性能的稳定性，因此被广泛应用于高温陶瓷制品的制备中；二氧化硅陶瓷粉不易与其他物质发生反应，因此能够在各种环境中保持其稳定性和耐用性，如图 1-3-8 所示。

图 1-3-8 二氧化硅陶瓷粉

二氧化硅陶瓷粉被广泛应用于电子行业，用于制备电子元件的绝缘材料、封装材料和基板材料等，能够保证电子元件的性能和可靠性；应用于光电行业，用于制备光学镜片、光纤等光学器件，具有良好的光学性能和耐用性；应用于化工行业，用于制备化工设备的防腐材料和反应器的内衬材料等，能够提高设备的使用寿命和安全性；应用于医疗领域，用于制备人工关节、牙科修复材料和骨修复材料等，具有良好的生物相容性和耐用性。

3）氧化锆（ZrO_2）

氧化锆又称二氧化锆，纯净的氧化锆是白色固体，含有杂质时会显现灰色或淡黄色，添加显色剂还可显示各种其他颜色。纯氧化锆的分子量为 123.22，理论密度是 5.89 g/cm^3，熔点为 2 715 ℃。通常含有少量的氧化铪，难以分离，但是对氧化锆的性能没有明显的影响。氧化锆有三种晶体形态：单斜、四方、立方晶相。常温下氧化锆只以单斜相出现，加热到 1 100 ℃ 左右转变为四方相，加热到更高温度会转化为立方相。

氧化锆是选择性激光烧结成型工艺中常用的另一种陶瓷材料。氧化锆以其高强度、断裂韧性、耐磨性以及耐腐蚀性而闻名，通常用于需要高机械性能的应用中。其生物相容性和美观性使其成为牙冠和牙桥等牙齿修复的热门选择。此外，氧化锆的低热导率和高温稳定性使其适合高温应用，如燃气涡轮发动机中的热障涂层。

氧化锆陶瓷的成型有干压成型、等静压成型、注浆成型、热压铸成型、流延成型、注射成型、塑性挤压成型、胶态凝固成型等。其中使用最广泛的是注塑与干压成型。

氧化锆陶瓷的优点：

（1）高强度：氧化锆陶瓷具有很高的强度和硬度，尤其是抗弯强度和抗拉强度，是钢铁的几倍甚至几十倍。

（2）高温性能：氧化锆陶瓷在高温下仍然保持较高的强度和硬度，可以耐受高温腐蚀和热震。

（3）高绝缘性：氧化锆陶瓷具有很高的电绝缘性和热绝缘性，可以用于制造高压绝缘体、电子元器件等。

（4）耐腐蚀：氧化锆陶瓷具有良好的耐腐蚀性能，可以用于制造化工设备、海洋工程设备等。

氧化锆陶瓷的缺点：

（1）脆性：氧化锆陶瓷具有很高的硬度和强度，但是也很脆，容易破裂或碎裂。

（2）价格高：氧化锆陶瓷生产成本较高，价格较贵，限制了它在一些领域的应用。

（3）耐水性差：氧化锆陶瓷在水中长时间浸泡容易受损，不适合用于制作水下设备。

（4）热稳定性差：氧化锆陶瓷的热稳定性较差，容易在高温下发生相变，导致性能下降。

4）碳化硅（SiC）

碳化硅陶瓷又名金刚砂，不仅具有优良的常温力学性能，如高的抗弯强度、优良的抗氧化性、良好的耐腐蚀性、高的抗磨损以及低的摩擦系数，而且高温力学性能（强度、抗蠕变性等）是已知陶瓷材料中最佳的。热压烧结、无压烧结、热等静压烧结的材料，其高温强度可一直维持到 1 600 ℃，是陶瓷材料中高温强度最好的材料。抗氧化性也是所有非氧化物陶瓷中最好的。

碳化硅是一种典型的共价键结合的稳定化合物，很难用常规的烧结方法来致密化，必须通过添加一些烧结助剂以及采用特殊工艺来获得致密的碳化硅陶瓷。按烧结工艺划分，碳化硅可以划分为重结晶碳化硅陶瓷、反应烧结碳化硅陶瓷、无压烧结碳化硅陶瓷、热压烧结碳化硅陶瓷、高温热等静压烧结碳化硅陶瓷以及化学气相沉积碳化硅。各种工艺制备的碳化硅性能有较大的差别，即使用同一工艺制备的碳化硅，由于采用的原料和添加剂不同，其性能差别较大。碳化硅陶瓷的缺点是断裂韧性较低，即脆性较大，为此，以碳化硅陶瓷为基的复相陶瓷，如纤维（或晶须）补强、异相颗粒弥散强化以及梯度功能材料的相继出现，改善了单体材料的韧性和强度。

碳化硅陶瓷具有优异的热性能和机械性能，使其适合在需要高强度和耐高温的应用中进行选择性激光烧结成型加工。其高热导率和低热膨胀系数使其成为热交换器、燃烧室和其他高温应用有吸引力的选择。此外，碳化硅的硬度和耐磨性使其适用于轴承、密封件和切削工具等零部件。

5）羟基磷灰石（HA）

羟基磷灰石是一种生物陶瓷材料，与人体骨骼的矿物质成分非常相似，它能与机体组织在界面上实现化学键性结合，其在体内有一定的溶解度，能释放对机体无害的离子，能参与体内代谢，对骨质增生有刺激或诱导作用，能促进缺损组织的修复，显示出生物活性，使其成为医疗应用中选择性激光烧结成型工艺的理想选择。

由于其生物相容性以及促进骨骼生长和组织整合的能力，羟基磷灰石经常用于骨植入物，如脊柱融合装置和颅板。此外，它可以与聚合物等其他材料相结合，创建具有定制特性的复合结构。

3. 金属基复合材料

用选择性激光烧结工艺制造金属功能件的方法是将金属粉末烧结成型，成型速度较快，精度较高，技术成熟。

金属基复合材料的硬度高，有较高的工作温度，可用于复制高温模具。常用的金属基复合材料一般由金属粉和黏结剂组合而成，这两种材料也有很多种类。

4. 覆膜砂

覆膜砂，砂粒表面在造型前即覆有一层固体树脂膜的型砂或芯砂。覆膜工艺有冷加工法和热加工法两种：冷加工法用乙醇将树脂溶解，并在混砂过程中加入乌洛托品，使二者包覆在砂粒表面，乙醇挥发，得覆膜砂；热加工法把砂预热到一定温度，加树脂使其熔融，搅拌使树脂包覆在砂粒表面，加乌洛托品水溶液及润滑剂，冷却、破碎、筛分得覆膜砂。用于铸钢件、铸铁件。

覆膜砂具有良好的流动性和存放性，用它制作的砂芯强度高，尺寸精度高，便于长期存放。与其他树脂砂相比，覆膜砂具有以下特点：

（1）具有适宜的强度性能，既可制成高强度的壳芯覆膜砂，又可制成中强度的热芯盒覆膜砂，也可制成低强度非铁合金用覆膜砂。

（2）流动性好，制出的型（芯）轮廓清晰，组织致密，能够制造复杂的砂芯，如缸盖、缸体水套芯。

（3）砂芯表面质量好，少上或不上涂料，就可以得到较好的铸件表面质量。

（4）溃散性好，铸件容易清理。

（5）壳型不起层、热稳定性好、导热性好、流动性好，铸件表面平整。

（6）砂芯抗吸湿性强，存放时间长，有利于储存、运输及使用。

（7）成本较高，能耗较大，在造型制芯及浇注过程中会产生刺激性气味，在高温、高湿季节长时间保存可能产生结块等。

三、国内外选择性激光烧结成型工艺材料介绍

1. DTM公司开发的材料

在选择性激光烧结领域，DTM公司开发的成型材料类别较多，最具代表性，其已商品化的部分成型材料如表1-3-6所示。

表1-3-6　DTM公司开发的部分选择性激光烧结成型材料

材料型号	材料类型	使用范围
DuraForm Polyamide	聚酰胺粉末	概念型和测试型制造
DuraForm GF	添加玻璃珠的聚酰胺粉末	能制造微小特征，适合概念型和测试型制造
DTM Polycarbanate	聚碳酸酯粉末	消失模制造

续表

材料型号	材料类型	使用范围
TrueForm Polymer	聚苯乙烯粉末	消失模制造
SandForm Si	覆膜硅砂	砂型（芯）制造
SandForm ZR II	覆膜锆砂	砂型（芯）制造
CopperPolyamide	铜/聚酰胺复合粉	金属模具制造
RapidSteel 2.0	覆膜钢粉	功能零件或金属模具制造

2. 国内开发的材料

国内主要选择性激光烧结公司研发的成型材料，如表 1-3-7 所示。

表 1-3-7 国内研发的选择性激光烧结材料

研究单位	材料类型	使用范围
华中科技大学	覆膜砂、PS 粉等	砂铸、熔模铸造
北京隆源自动成型系统有限公司	覆膜陶瓷、塑料粉	熔模铸造
中北大学	覆膜金属、覆膜陶瓷、精铸蜡粉、原型烧结粉	金属模具制造、陶瓷精铸、熔模铸造等

单元小结与评价

在学生完成本单元学习的整个过程中，教师通过视频、图片、网络资源等向学生展示选择性激光烧结对材料的性能要求、常用的材料，并让学生了解国内外选择性激光烧结材料。

教师检查，同学们自查和互查，完成考核评价表。

姓名		组别	
单元考核点		得分	备注得分点
阐述选择性激光烧结成型材料的查阅情况，自主学习习惯的养成			
分组阐述选择性激光烧结成型常用材料的类型			
分组探讨、分析国内外选择性激光烧结技术材料			
严谨细致、精益求精的精神			

学习单元 6　选择性激光熔融成型及其他快速成型常用材料

单元引导

（1）选择性激光熔融成型常用材料。
（2）三维喷涂黏结成型常用材料。
（3）电子束熔化成型常用材料。

知识链接

一、选择性激光熔融（SLM）成型常用材料

选择性激光熔融（SLM）成型工艺使用的原材料为各种金属粉末，目前可用于选择性激光熔融（SLM）成型工艺的金属粉末包括不锈钢粉末、钛合金粉末、铝合金粉末等。

1. 不锈钢粉末

不锈钢粉末由铁、镍和铬等元素组成，具有出色的耐腐蚀性和机械性能，其圆球粒子可以平行涂膜表面定位并且分布在整个涂膜中，形成具有优良遮盖力的屏蔽层，把湿气挡住，是金属 3D 打印经常采用的一类性价比较高的金属粉末材料，该粉末广泛应用于汽车、航空航天和医疗器械等行业，制造强度高、耐腐蚀的零部件。

1）316L 奥氏体不锈钢

具有高强度和耐腐蚀特性，能在很宽的温度范围内下降到低温，可以应用于航空航天、石油、天然气等多种工程应用，也可用于食品加工和医疗等领域。

2）17-4PH 马氏体不锈钢

耐腐蚀性强，在高达 315 ℃ 的温度条件下仍然拥有高强度、高韧性，随着激光加工状态的改变可以展现出极佳的延展性。

3）18Ni（300）马氏体时效钢

18Ni（300）钢是典型的马氏体时效钢，具有较高的强度和硬度，兼具良好的韧性和塑性，且具有高强韧性、高屈强比、时效热处理变形小、良好的切削加工性、低硬化指数、良好的成型性、很好的焊接性能。在高强度、高韧性的条件下仍具有良好的塑性、韧性和高的断裂韧度，广泛应用于航空航天、精密模具、军事工业等领域。

2. 钛合金粉末

钛合金粉末由纯钛与其他金属元素（如铝、钒等）合金化而成，钛合金的性能取决于其晶体结构、晶粒尺寸、杂质含量等因素。

钛合金粉末的加工性能包括可塑性、韧性、硬度等指标。对于钛合金粉末在实际应用过程中的加工成型、表面处理等工艺的影响进行研究，是实现钛合金材料工业化生产的重要前提，因其生物相容性良好，被广泛应用于医疗领域。

3. 铝合金粉末

铝合金粉末主要由铝与其他金属元素（如铜、镁等）合金化制成，这些元素的含量可以调整，因此可以根据需要制备出各种不同的合金粉末。铝合金粉末的制备过程包括机械合成、浆料压制、静电喷涂、化学合成等多种方法，其中最常见的是机械合成法和化学合成法。铝合金粉末还具有以下特点：

（1）高塑性和延展性：铝合金粉末具有优异的塑性和延展性，适合制造各种形状的零件。

（2）质量轻：铝合金粉末的密度比钢铁低三分之一，因此可以减轻零件和工件的质量，提高使用寿命。

（3）耐腐蚀：铝合金具有优良的耐腐蚀性，可以在大多数恶劣环境下使用。

（4）热传导性好：铝合金具有很高的热导率，可以有效地传导热量，适合制造高温工作环境的零部件。

（5）强度高：铝合金粉末具有优异的强度，可以制造出高强度零件和工件。

4. 镍合金粉末

镍具有良好的力学、物理和化学性能，添加适宜的元素可提高它的抗氧化性、耐蚀性、高温强度和改善某些物理性能。镍合金粉末由镍与其他合金元素（如钼、铬等）合金化制成，这种粉末被广泛应用于航空发动机、化工设备和石油工业等领域。

（1）优异的耐热性：镍基合金粉具有较高的熔点和热稳定性，可在高温下保持较好的力学性能。

（2）良好的耐腐蚀性：镍基合金粉具有优异的耐腐蚀性，能够抵御大多数酸、碱、盐等腐蚀介质的侵蚀。

（3）良好的耐磨损性：镍基合金粉具有高硬度和较低的磨损率，能够在恶劣的工作环境下保持较长的使用寿命。

（4）优异的耐腐蚀疲劳性：镍基合金粉在腐蚀介质和循环加载的作用下，具有较好的抗疲劳性能，不易发生裂纹和断裂。

（5）可调性强：镍基合金粉的成分和性能可通过调整合金中的其他元素和添加物来实现。

5. 铜合金粉末

铜合金是以纯铜为基体加入一种或几种其他元素（如锡、锌等）所构成的合金。纯铜呈紫红色，又称紫铜。常用的铜合金分为黄铜、青铜、白铜三大类。它广泛应用于电子器件、电气连接件和工艺制品等领域。

（1）优异的物理、化学性能。纯铜导电性、导热性极佳，因此铜粉末具有优异的导电和导热性能。

（2）铜合金粉末具有良好的可塑性和可加工性，可以通过压制、烧结、喷涂等方式制备成各种形状和尺寸的零部件。

（3）铜粉末还具有良好的耐腐蚀性和抗氧化性，铜及铜合金对大气和水的抗蚀能力很高，能够在各种恶劣环境条件下保持材料的稳定性。

6. 钨合金粉末

钨合金是以钨为基体加入其他元素组成的合金。在金属中，钨的熔点最高，高温强度和抗蠕变性能以及导热、导电和电子发射性能都很好,相对密度大。除大量用于制造硬质合金和作合金添加剂外,钨及其合金广泛用于电子、电光源工艺、航空航天等领域。

7. 锡合金粉末

锡合金是以锡为基体加入其他合金元素组成的有色合金,主要合金元素有铅、锑、铜等。锡合金熔点低,强度和硬度均低,它有较高的导热性和较低的热膨胀系数,耐大气腐蚀,有优良的减摩性能,易于与钢、铜、铝及其合金等材料焊合,是很好的焊料,也是很好的轴承材料。锡合金粉末被用于制造焊接材料和电子组件,具有良好的可焊性和耐腐蚀性。

二、三维喷涂黏结成型(3DP)常用材料

三维喷涂黏结成型(3DP)工艺使用的原材料是粉末状,来源广泛,其特性决定着是否能够成型以及成型制件的性能,主要影响制件的强度、致密度、精度和表面粗糙度以及制件的变形情况。

三维喷涂黏结成型工艺使用的材料包括粉末材料、黏结材料以及后处理材料,为了更好地满足成型要求,需要综合考虑粉末材料与相应黏结材料的成分与性能。

1. 三维喷涂黏结成型工艺对粉末材料的基本要求

(1)颗粒小且均匀,无明显团聚。
(2)流动性好,确保供粉系统不堵塞。
(3)液滴喷射冲击时不产生凹坑、溅散和孔洞。
(4)与黏合剂作用后固化迅速。

粉末材料的特性主要包括粒径及粒度分布、颗粒形状、密度等,粉末的粒径和粒度分布直接影响着粉末的物理性能以及与液滴的作用过程,粒径太小的颗粒会因范德瓦尔斯力或湿气容易产生团聚,影响铺粉效果,同时粒径太小会导致粉末在打印过程中飞扬,堵塞打印头;粒径较大的粉末滚动性好,铺粉时不易形成裂纹状,但打印精度差,无法表达细节。理论上,球形的粉末流动性较好,且内摩擦较小,形状不规则的粉末滚动性较差,但填充效果好。可以使用的粉末材料主要有塑料、陶瓷、石膏、砂、金属、尼龙、复合材料等。

2. 三维喷涂黏结成型工艺对黏结剂的基本要求

(1)易于分散且性能稳定,可长期存储。
(2)不腐蚀喷头。
(3)表面张力要适宜,以便按预期的流量从喷头中挤出。
(4)黏度低,不易干涸,能延缓喷头抗堵塞时间,而且要低毒环保。

液体黏结剂分为本身不起黏结作用、本身会与粉末反应、本身有部分黏结作用等三种液体黏结剂。本身不起黏结作用的液体黏结剂只起到为粉末相互结合提供介质的作用,其本身在模具制作完毕之后会挥发到几乎不剩下任何物质,这种黏结剂对于本身就可以通过自身反应硬化的粉末适用,此液体可以为氯仿、乙醇等。对于本身参与粉末成型的黏结剂,如粉末与液体黏结剂的酸碱性不同,可以通过液体黏结剂与粉末的反应达到凝固成型的目的,目前最常用的是以水为主要成分的水基黏结剂。对于本身不与粉末反应的黏结剂,有些通过加入一些起黏结作用的物质,实现通过液体挥发剩下起黏结作用的关键组

分，其中添加的黏结组分包括聚氯乙烯、聚碳硅烷以及其他高分子树脂等。

3. 三维喷涂黏结成型工艺对后处理材料的基本要求

（1）与制件匹配，不破坏制件的表面质量。

（2）能够快速与制件发生反应，处理速度快。

三、电子束熔化成型（EBM）常用材料

电子束熔化成型工艺（EBM）与选择性激光熔融（SLM）成型所需的材料类似，采用金属粉末为原材料，其应用范围相当广泛，尤其是在难熔、难加工材料方面有突出用途，包括钛合金、钛基金属间化合物、不锈钢、钴铬合金、镍合金等，其制品能实现高度复杂性并达到较高的力学性能。具体而言，电子束熔化成型通常使用钛合金，这是由整个过程所依据的电荷决定的。电子束熔化成型工艺之所以需要导电金属，是因为该技术本身是基于电荷的。换句话说，电荷负责使粉末与电子束发生反应，从而使粉末固化。

近年来，随着多功能金属材料的需求增加，研究人员开始探索将电子束熔化技术应用于其他材料的制造，如陶瓷、复合材料甚至生物材料。

（1）针对陶瓷材料，电子束熔化制造技术可以通过精确控制电子束的能量和扫描速度实现局部熔化和凝固。这种方法可以制造出具有特殊功能和高性能的陶瓷零件，如高温陶瓷涂层、耐磨陶瓷零件等。

（2）对于复合材料，电子束熔化制造技术可以实现多种材料的合成和制造。通过精确控制电子束的能量和速度，可以将不同材料的粉末混合在一起，并在熔化过程中发生反应形成复合材料。这种方法可以制造出具有优异性能的复合材料零件，如高强度、耐磨、耐腐蚀等。

（3）在生物医学领域，电子束熔化制造技术可以制造出具有特殊结构和功能的生物材料。通过控制电子束的能量和扫描速度，可以制造出精确的微观结构，如微脉冲、微通道等。这种方法可以应用于组织工程、生物传感器等领域，有望为医学研究和治疗带来革命性的突破。

单元小结与评价

在学生完成本单元学习的整个过程中，教师通过视频、图片、网络资源等向学生重点展示了选择性激光熔融常用材料的类型、特点，同时让学生了解三维喷涂黏结成型、电子束熔化成型常用材料的性能要求。

教师检查，同学们自查和互查，完成考核评价表。

姓名		组别	
考核项目		得分	备注得分点
阐述了选择性激光熔融常用材料的类型、特点，培养探究精神			
阐述三维喷涂黏结成型、电子束熔化成型对常用材料性能要求，增强标准意识、规范意识			

学习情境四　增材制造常用设备——增材产品的"缔造者"

情境导入

自20世纪80年代美国出现第一台商用光固化成型机后，在近40年的时间内增材制造各种设备快速发展，已经广泛应用于众多领域。空客、德国利勃海尔、开姆尼茨工业大学等机构研发的3D打印飞机扰流板液压歧管以Ti64钛合金为材料，使用SLM相关设备制造。

我国增材制造技术的研究始于20世纪90年代，清华大学、西安交通大学、西北工业大学等高校最早进行关于金属成型、熔融烧结、生物制造等方面的增材制造研究，经过近30年的发展，我国增材制造成型硬件系统、工艺特性以及成型件质量等方面已经部分达到或接近国际先进水平，形成了与国外齐头并进的局面，增材制造相关设备在我国的航空航天、建筑、冶金、电力、轨道交通以及生物医学等领域都得到广泛的应用。西安铂力特利用SLM设备，解决了随形内流道、复杂薄壁、镂空减重、复杂内腔、多部件集成等复杂结构问题；安徽恒利公司利用SLS技术和石膏型真空增压铸造技术融合，实现一体化制造双金属复合发动机缸体，改变传统开模具和砂型铸造的模式，已成功应用在奇瑞汽车、东风汽车、广汽等企业；SLA工艺广泛用于制造汽车灯罩、内饰件和零部件的外观装饰等。

我国高度重视增材制造设备的发展，工信部会同国家发改委、教育部、科技部、财政部等部门印发的《"十四五"智能制造发展规划》中明确提出，将选区激光熔融设备、选区激光烧结成型设备列入智能制造装备创新发展行动，加强自主供给，壮大产业体系新优势。

情境目标

知识目标

掌握增材制造常见设备的技术参数。

熟悉不同工艺设备的结构组成。

了解增材设备的发展历程。

能力目标

能够根据具体的零件选择合适的设备。

能够对增材设备进行参数设置。

素养目标

培养学生良好的自主学习习惯、多角度看问题的能力以及规范意识。

培养学生的爱国情怀和民族自豪感。

培养学生探索创新、无私奉献、吃苦耐劳的职业素养。

增材小课堂

中国特色"3D 打印"之路

依托高校—企业深度产学研用合作模式,走出了具有中国特色的"3D 打印"之路,如西安交通大学卢秉恒院士团队——西安增材制造国家研究院有限公司、西北工业大学黄卫东教授团队——西安铂力特增材技术股份有限公司、北京航空航天大学王华明院士团队——北京煜鼎增材制造研究院有限公司、清华大学颜永年教授团队——江苏永年激光成形技术有限公司、华中科技大学史玉升教授团队——武汉滨湖机电技术产业有限公司、华南理工大学杨永强教授团队——广州市雷佳增材科技有限公司,形成了西安交通大学增材制造国家研究院、北京航空航天大学大型金属构件增材制造国家工程实验室、湖南华曙高科高分子复杂结构增材制造国家工程实验室等一批高水平创新平台,突破了一批关键技术,研制出一批新装备、新材料、新工艺,并在陕西、北京、江浙、广东、四川等地形成多个 3D 打印战略联盟。

在金属 3D 打印领域,中国工程院院士王华明与团队经过多年不懈努力,在技术上实现了弯道超车。2005 年 6 月,在王华明团队的努力下,中国第一个 3D 打印的钛合金小零件被装上飞机,就此迈出金属 3D 打印技术标志性的一步。2009 年,王华明和他的团队用 3D 打印技术做出了国产大飞机 C919 机头钛合金主风挡整体窗框,这个"大家伙"的质量大约 20 斤(一斤=500 g),一个成年人可以轻松拿动,中国由此成为率先突破这一技术的国家。

业内人士认为,凭借 3D 打印技术,中国在飞机、火箭等重大装备的大型复杂关键金属构件制造领域达到世界先进水平。

学习单元 1　叠层实体制造常用设备

单元引导

（1）国内叠层实体制造常用设备有哪些？
（2）国外叠层实体制造常用设备的种类。

知识链接

叠层实体制造方法由 Michael Feygin 于 1984 年提出，并于 1985 年组建了 Helisys 公司，并且基于叠层实体制造成型原理，于 1990 年开发出了世界上第一台商用叠层实体制造设备——LOM-10150。关于叠层实体制造设备和工艺方面的企业，目前国外研究的比较多，除了美国的 Helisys 公司之外，瑞典的 Sparx 公司、新加坡的 Kinergy 公司、日本的 Kira 公司等也一直从事叠层实体制造工艺的研究与设备的制造。近年来，我国对 3D 打印设备也进行了相关研究，如华中科技大学、清华大学等。设备的相关参数如表 1-4-1 所示。

表 1-4-1　国内外叠层实体制造设备（部分）技术参数

型号	研制单位	加工尺寸 /(mm×mm×mm)	精度 /mm	层厚 /mm	激光光源	扫描速度 /(m·s^{-1})	外形尺寸 /(mm×mm×mm)
HRP-ⅡB	华中科技大学	450×450×350		0.02	50 W CO_2		1 470×1 100×1 250
HRP-ⅢA		600×400×500			50 W CO_2		1 570×1 100×1 700
HRP-Ⅳ		800×500×500			50 W CO_2		2 000×1 400×1 500
LOM1015	Helisys	380×250×350	0.254	0.431 8	25 W CO_2		
LOM2030		815×550×508	0.254	0.431 8	50 W CO_2		1 120×1 020×1 140
PLT-A4	Kira	280×190×200	0.051				840×870×1200
PLT-A3		400×280×300	0.051				1 150×800×1 220
ZIPPYⅠ	Kinergy	380×280×340	0.1		CO_2		1 730×1 000×1 580
ZIPPYⅡ		1 180×730×550	0.1		CO_2		2 570×1 860×2 000
ZIPPYⅢ		750×500×450	0.1		CO_2		2 100×1 500×1 800
SSM-500	清华大学	600×400×500	0.1		40 W CO_2	0~0.5	
SSM-1600		1 600×800×700	0.15		50 W CO_2	0~0.5	

一、HRP 系列薄材叠层快速成型机

HRP 系列薄材叠层快速成型机是华中科技大学研制的，其主要技术指标已达到世界先进水平，在硬件与软件方面都有自己的特点，如图 1-4-1 所示。

图 1-4-1　HRP 系列薄材叠层快速成型机

　　HRP-Ⅲ LOM 激光快速成型机是华中科技大学快速制造中心与武汉滨湖机电技术产业有限公司生产的用于快速原型制造的商用化设备，该设备可以在无人看管下运行，其主要技术指标达到世界先进水平，如图 1-4-2 所示。

图 1-4-2　HRP-Ⅲ LOM 激光快速成型机

　　对于 HRP 系列薄材叠层快速成型机最常用的两种机型为 HRP-ⅡB、HRP-ⅢA，其具体参数如表 1-4-2 所示。

表 1-4-2　HRP-ⅡB、HRP-ⅢA 两种机型具体参数

参数型号	HRP-ⅡB	HRP-ⅢA
重复定位精度/mm	0.02	0.02
最大切割速度/(mm·s^{-1})	600	650
计算机配置	工控机主流配置	工控机主流配置
软件工作平台	Windows 2000/NT 操作系统	Windows 2000/NT 操作系统
设备应用软件	奥略 Power RP 软件	奥略 Power RP 软件
输入格式	STL 文件	STL 文件
成型材料	热熔树脂涂覆纸	热熔树脂涂覆纸
电源要求	220 V，50 Hz，10 A	220 V，50 Hz，15 A
安全措施	故障自动停机	故障自动停机

二、Helisys 公司的 LOM2030 机型

Helisys 公司的 LOM2030 机型,于 1996 年推出,其主要性能和技术指标为:成型材料为纸基薄材、塑胶、复合材料,成型规格为 815 mm×550 mm×508 mm,切割速度为 500 mm/s,如图 1-4-3 所示。

图 1-4-3 Helisys 公司的 LOM2030 机型

单元小结与评价

在学生完成本单元学习的整个过程中,教师通过视频、网络资源等向学生展示了国内外叠层实体制造常用设备的类型,重点介绍了 HRP 系列薄材叠层快速成型机、Helisys 公司的 LOM2030 机型。

教师检查,同学们自查和互查,完成考核评价表。

姓名		组别	
单元考核点		得分	备注得分点
阐述国内外叠层实体制造常用设备生产公司,自主学习习惯的养成			
阐述 HRP 系列薄材叠层快速成型机的性能,并查阅其操作方法,培养民族自豪感			
简要介绍 Helisys 公司的 LOM2030 机型的特点			

学习单元 2　光固化成型常用设备

单元引导

（1）光固化成型设备的发展历程。
（2）国内外光固化成型设备的种类。

知识链接

一、光固化成型设备的发展历程

光固化成型工艺可以追溯到 1977 年，美国的 Swainson 提出使用射线来引发材料相变，制造三维物体。1983 年，Charles Hull 发明了光固化成型技术，1986 年 Charles Hull 首次在他的博士论文中提出用激光照射液态光敏树脂，固化分层制作三维物体的快速成型概念，并申请了专利。同年，Charles Hull 在加利福尼亚州成立了 3D Systems 公司，致力于将光固化技术商业化。1988 年，3D Systems 公司根据该专利商业化了第一台现代快速成型机 SLA250，以液态树脂选择性地固化成型零件，开创了快速成型技术的新纪元，如图 1-4-4 所示。在主要的几种快速成型工艺方法中，光固化成型法是最早被提出并商业化应用的。

图 1-4-4　SLA250 机型

目前，研究光固化成型（SLA）设备的单位有美国的 3D Systems 公司、Aaroflex 公司，德国的 EOS 公司，法国的 Laser 3D 公司以及国内的西安交通大学、上海联泰科技有限公司、华中科技大学等。

二、国外 SLA 设备介绍

1. 3D Systems 相关光固化设备

在上述研究光固化成型设备的众多公司中，美国 3D Systems 公司的光固化成型技术在国际市场上占的比例最大。3D Systems 公司继 1988 年推出第一台商品化设备 SLA250 以来，又于 1997 年推出了 SLA250HR、SLA3500、SLA5000 三种机型，在光固化成型设备方面有了长足的进步。其中，SLA3500 和 SLA5000 扫描速度分别达到 2.54 m/s 和 5 m/s，成型层厚最小可达 0.05 mm。

此外，还采用了一种称之为 Zephyer recoating system 的新技术，该技术是在每一成型层上，用一种真空吸附式刮板在该层上涂一层 0.05~0.10 mm 的待固化树脂，使成型时间平均缩短了 20%。SLA3500 和 SLA5000 两种型号设备分别如图 1-4-5 和图 1-4-6 所示。

图 1-4-5　SLA3500 机型　　　　图 1-4-6　SLA5000 机型

该公司于 1999 年又推出 SLA7000 机型，如图 1-4-7 所示。SLA7000 与 SLA5000 机型相比，成型体积虽然大致相同，但其扫描速度却达 9.52 m/s，平均成型速度提高了 4 倍，成型层厚最小可达 0.025 mm，精度提高了一倍。3D Systems 公司推出的较新的机型还有 Vipersi2 SLA 及 Viper Pro SLA 系统。

图 1-4-7　SLA7000 机型

2. Stratasys J35 Pro 光固化成型设备

Stratasys J35 Pro 光固化成型设备具有占用空间小、低维护性、超静音以及无异味的特点，使用该打印机，可以享受到一个内部的、工程级打印机所带来的益处，从而省去不必要的麻烦。

目前初步的原型制件可以在外观、质感和功能上与最终产品非常相似，这是因为 J35 Pro 采用了 PolyJet 技术，分别或同时使用三种不同的材料，可以将灰度色彩、透明度、纹理和活动零件相结合，创造出可以握在手中的逼真模型。

J35 Pro 还能够更高效地迭代、纠正错误和验证设计，可以更快地将最终设计推向市场。此外，J35 Pro 提供多材料打印能力，与其他 PolyJet 多材料解决方案相比，投资更低，如图 1-4-8 所示。

图 1-4-8　Stratasys J35 Pro 光固化成型设备

三、国内 SLA 设备介绍

1. 西安交通大学光固化成型机

国内西安交通大学在光固化成型技术、设备、材料等方面进行了大量的研究工作，推出了自行研制与开发的 SPS、LPS 和 CPS 三种机型，每种机型有不同的规格系列，其工作原理都是光固化成型原理。其中 SPS600 和 LPS600 成型机分别如图 1-4-9、图 1-4-10 所示。

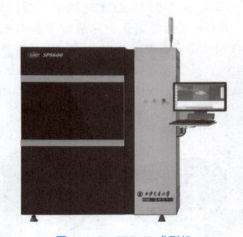 

图 1-4-9　SPS600 成型机　　　　图 1-4-10　LPS600 成型机

西安交通大学光固化成型机主要性能指标与技术特征：

（1）该成型机激光器、扫描与光聚焦系统两关键部件从国外引进，扫描速度 SPS 最大可达 7 m/s、LPS 可达 2 m/s，精度达 +0.1 mm；全范围扫描分辨率达 3.6 μm，整机控制精度达 50 μm，高于国外同类机器水平，保证了可靠性；扫描光斑直径=0.2 mm，SPS 激光寿命>5 000 h，LPS 激光寿命>2 000 h，与国外水平相同。

（2）采用了快速排序分层法，大大加快了分层速度，且具有对分层数据自动诊断和修复的功能。

（3）国际上创新的 YLSF 成型工艺，大大减小了翘曲等变形误差，提高了原型件制作质量。优于美国 3D Systems 公司的工艺方法；拐角误差采用自适应延时控制，减少了轮廓误差的影响，此为国际首创。

（4）零件成型精度达±0.1 mm（<100 mm）或 0.1%（>100 mm），与国外水平相同；样件测试尺寸合格率达到美国 3D Systems 公司 SLA 系列机器的水平，高于日本 CMET 公司 Soup 型机器的水平。

（5）不同材料与结构，可调整回流量，从而改善涂层质量，此为国际首创；且可以采用不同公司、不同牌号的树脂，具有良好的兼容性和开放性。优于美国 3D Systems 公司、日本 CMET 公司的同类产品。

（6）零件模型管理和成型数据生成软件在 Windows 95 下自主开发、整机自制，用户界面全部汉化，具有优异的交互性和易学性。而且三维 STL 模型的检视、分层过程与编辑、支撑结构的设计全部实现了图视化操作；而成型控制软件是在 DOS 下开发，保证满足了控制的实时性要求，操作界面全部汉化和图视化。

2. 上海联泰科技股份有限公司光固化成型设备

上海联泰科技股份有限公司是国内较早从事增材制造技术应用的企业之一，参与并见证了中国增材制造产业的主要发展进程。通过十余年的努力耕耘，上海联泰科技股份有限公司目前拥有国内立体光固化（SLA）增材制造技术较大份额的工业领域客户群，国内市场占有率 60%，在国内增材制造技术应用领域具有广泛的行业影响力。

2001 年上海联泰科技股份有限公司第一台采用 He－Cd 气体激光器的快速成型机 RS-350H 研制成功并投入市场，随后，RS 全系列光固化快速成型设备 RS350、RS450、RS600 陆续研制成功，与全球著名的光敏树脂供应商美国 DSM Somos 公司签署全面代理合作。其研发的 AME 系列既适合于工业生产，又能较好地服务于高校增材制造相关专业的实训教学。AME R1000、AME R3000、AME R4500、AME R6000 系列产品如图 1-4-11 所示，其相关参数如表 1-4-3 所示。

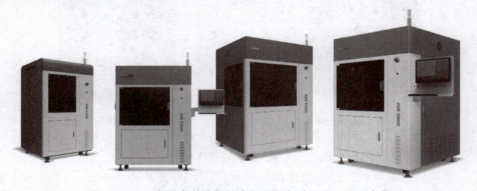

图 1-4-11　海联泰科技股份有限公司部分 AME 系列产品

表 1-4-3　AME R1000、AME R3000、AME R4500 光固化设备参数

参数型号	AME R1000	AME R3000	AME R4500
成型范围	100 mm×100 mm×100 mm	300 mm×300 mm×200 mm	450 mm×450 mm×350 mm
成型精度	$L<100$ mm：±0.1 mm；$L\geqslant 100$ mm：±0.1%×L	$L<100$ mm：±0.1 mm；$L\geqslant 100$ mm：±0.1%×L	$L<100$ mm：±0.1 mm；$L\geqslant 100$ mm：±0.1%×L
扫描速度	12 m/s（最大），6~10 m/s（典型）	18 m/s（最大），6~10 m/s（典型）	18 m/s（最大），8~15 m/s（典型）
机器尺寸	905 mm×100 mm×100 mm	1 155 mm×1 055 mm×1 955 mm	1 225 mm×1 155 mm×1 975 mm
机器质量	597 kg	850 kg	790 kg
电力需求	200~240 V AC，50/60 Hz，单相	200~240 V AC，50/60 Hz，单相	200~240 V AC，50/60 Hz，单相
温度范围	22~26 ℃	22~26 ℃	22~26 ℃
湿度需求	<40%	<40%	<40%

四、AME R6000 光固化成型设备机械组成及操作方法

1. AME R6000 光固化成型设备技术参数（见表 1-4-4）

表 1-4-4　AME R6000 光固化成型设备技术参数

成型范围	600 mm×600 mm×400 mm
成型精度	±0.1 mm（$L\leqslant 100$ mm）/±0.1%×L（$L>100$ mm）
分层厚度	0.05~0.25 mm
Z 轴定位精度	≤±8 μm
液位定位精度	≤±0.03 mm
激光器	固态三倍频率 Nd：YVO4
波长	355 nm
操作系统	Windows 7
光斑直径	0.12~0.80 mm
扫描速度	8~15 m/s
扫描幅面	600 mm×600 mm
数据格式	STL
外形尺寸	2 030 mm×1 564 mm×2 213 mm
设备质量	850 kg
输入功率	2.6 kVA
操作软件	UnionTech™ RSCON

续表

前处理软件	Materialise Magics Link UnionTech
振镜型号	basicube 10、SCAN（355 nm）PSXA106A
工控主机	RK610A

AME R6000 光固化成型设备主要由机械主体部分、光学系统区域、控制系统区域三部分构成，如图 1-4-12 所示。

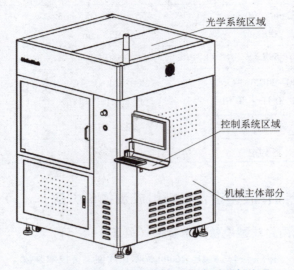

图 1-4-12　AME R6000 光固化成型设备外观

2. AME R6000 光固化成型设备机械组成

机械主体部分主要由机架、Z 轴升降系统、树脂槽、涂覆系统、液位调节系统构成，如图 1-4-13 所示。

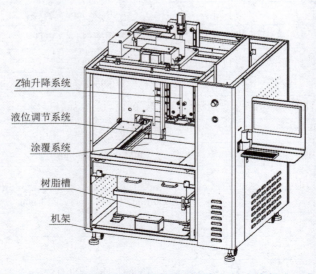

图 1-4-13　AME R6000 光固化成型设备机械主体部分组成

1) 机架

机架为槽钢、空心方钢、角钢混合式框架结构。机架下安装可调地脚,用于调整设备的水平。为便于搬运,装有四个脚轮。机器安装到位时,把地脚调整至地面,并调整整机,使 Z 轴垂直于水平面。移动机器时,调整地脚,使脚轮着地,直至可顺利移动机器。

2) Z 轴升降系统

Z 轴升降系统是 3D 打印机中很重要的一个组成部分,Z 轴的行走精度决定着成型零件层厚的均匀性和准确性,因此 Z 轴的行走精度直接决定着成型零件的精度。Z 轴升降系统采用高精度滚珠丝杠和直线导轨作为传动结构,并采用进口伺服电机作为驱动元件,来保证整个升降系统的精度;整个升降系统带有三重保护,第一重是软件保护,第二重是电气限位保护,最后上下还有弹性机械挡块,进行第三重机械保护。

3) 树脂槽

树脂槽采用不锈钢焊接而成,正面和两侧有保温层,并内置有铸铝加热板。树脂槽主要作用是盛放设备工作时所需要的树脂,并提供适宜的温度,如图 1-4-14 所示。

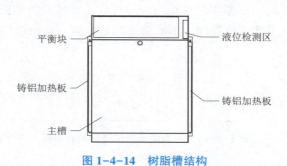

图 1-4-14 树脂槽结构

树脂槽由主槽和液位检测区组成,它们之间相互连通。液位检测区上方装有一液位传感器,用以检测液位高度变化并反馈给 PLC,再由 PLC 控制调节平衡块来保持液位稳定。

4) 涂覆系统

涂覆系统的作用是在已固化的一层上面覆盖一层一定厚度的树脂薄层,以便继续固化过程,采用吸附式涂覆机构。图 1-4-15 所示为吸附式涂覆结构原理简图。

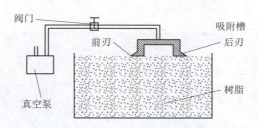

图 1-4-15 吸附式涂覆结构原理简图

当一层固化完成后,工作平台下降一定的层厚,刮刀进行涂刮运动,刮刀运动时,真空泵保持抽气工作,把真空泵调到一定的压力后,刮刀吸附槽中会始终吸上一定高度的树脂。吸附槽中的树脂会涂到已固化的树脂表面,并且未固化部分的树脂会由于刮刀吸附槽内负压吸附到吸附槽中,并向已固化部分进行补充;设置适当的速度,可使较大的区域得到涂覆。涂覆机构中的前刃和后刃的作用：修平高出的多余树脂，使液面平整；消除树脂中产生的气泡。

注意事项：

①要定期清理刮刀下刀口以及内腔，去除残留和粘在刮刀上的废弃固化物，保证后续的打印成型质量。

②刮刀下刀刃离液面的距离很重要，距离太大容易导致零件脱皮，粘不住；距离太小，容易刮坏零件。因此，在工程师调节好后，请勿私自调节。

5）液位调节系统

液位调节的作用是控制液位的稳定，液位稳定的作用有两个：其一是保证激光到液面的距离不变，始终处于焦平面上，其二是保证每一层涂覆的树脂层厚一致。

引起液位变化的原因有很多，主要有树脂固化的体积收缩、Z 轴移动机构的升降引起树脂槽容积的变化、设备振动、电磁干扰等。本设备采用平衡块填充式液位控制原理，如图 1-4-16 所示，由液位传感器、平衡块组成。液位传感器实时检测主槽中树脂液位高度，当 Z 轴上升或下降移动时，必然引起主槽中液位变化，而平衡块则根据检测液位值结果控制自动下降或上升，以平衡液位波动，形成动态稳定平衡，从而保持液位的稳定。

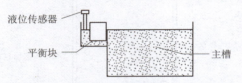

图 1-4-16　平衡块填充式液位控制原理

3. RSCON 软件

设备控制软件 RSCON 在 Win7 或者 Win10 操作系统下运行。单击桌面或"开始"菜单的快捷方式启动。RSCON 软件的功能：根据分层数据文件和支撑数据，按一定的制作工艺生成扫描路径，控制振镜扫描工作，并在软件界面显示扫描轨迹；控制各个机构协调动作；对设备状态进行监视；设定工艺参数，手动操作运动部件等。

RSCON 软件为全屏运行程序，程序打开后不推荐关闭，除非出现异常情况。软件主界面如图 1-4-17 所示，从 UI 结构布局上分为以下部分。

图 1-4-17　RSCON 程序界面

(1) 文件操作及显示区。

(2) 文件数据显示区。

(3) 制作信息显示区。

(4) 功能操作区。

(5) 硬件控制区。

(6) 工艺参数设置区。

(7) 设备初始化窗口区。

4. 设备操作方法

1) 操作面板（见图1-4-18）

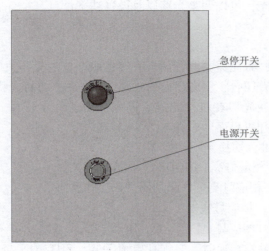

图1-4-18 操作面板

(1) 机器上电操作：确认急停开关处于释放状态，转动钥匙开关，总电源上电，面板上的电源指示灯亮，计算机自检启动。

(2) 机器断电操作：先关掉激光器和振镜以及加热功能，再关掉软件，按Windows关机程序关闭工控机，按下急停开关，机器断电。

(3) 机器状态指示：机器正常时，状态指示灯常亮；当机器有故障报警时，指示灯闪烁或者蜂鸣。

(4) 操作面板状态：如果按键上的相应指示灯灭，表示相应的电源断开，反之表示相应电源开启。某键灭时，按动相应键，则此键亮；某键亮时，按动相应键，则此键灭。面板上的键并无互锁关系。

2) 开机步骤

(1) 按上述方法使机器通电。

(2) 打开RSCON软件。

(3) 单击"加热"按钮，打开温控器，加热器开始加热。

(4) 单击"振镜"按钮，打开振镜。

(5) 单击"激光"按钮，打开激光电源。

(6) 按"照明"按钮打开成型室照明灯。

（7）开启激光器：

光波激光器：

①连接电源，连接 RS232。

②打开电源开关，打开钥匙开关。

③热机 6~8 min。

④打开控制软件，选择端口，链接上通信，完成初始化。

⑤打开 SHT-ON。

⑥打开 DIO-ON。

⑦等待电流上升，直至系统状态栏显示正确的电流值，并等待 3~5 min 暖机。

⑧根据此时的 CW 光，可以调整光路以及设置功率计。

⑨打开 QSW-ON。

英谷激光器：

①打开总电源开关，激光器电源背面板有红色船型总电源开关，常闭合使激光器处于上电状态，若长时间没有闭合，重新闭合后预热 2 min 左右再打开钥匙开关。

②打开钥匙开关，激光器在自检完成后进入自动开机界面时，按下"EXIT"退出自动开机模式，进入手动开机界面。

③按 REM/LOC 按键，切换到手动操作模式。

④按 DIODE 按键，相应灯亮，DIODE 上电状态。

⑤按 QS-ON 按键，相应灯亮，Q 驱动器进入工作状态。

⑥按 SHT-ON 按键，相应灯亮。

⑦按 QS-EXT 按键，相应灯亮。

注意：在进行内外触发切换时，必须在电流为零，SHT-ON 与 QS-ON 处于关闭状态下进行切换。

⑧按 CURRENT 下"+"键加电流至需要的工作电流的 2/3 处预热 5 min，再加到工作电流，出光后预热 20 min 功率可达最稳定状态。

3）加料操作

（1）判断是否需要加料：初始时，工作平台回零，调节到设定的液位位置，再去判断平衡块的位置，如果比较接近下限位，就需要添加树脂，接近上限位表示树脂加多了。

（2）加料：工作平台回零，并移至 5 mm 位置，液位平衡块回零，往主槽中缓缓倒入适量树脂，听到蜂鸣声提示后停止。

（3）工作平台回零：添加完树脂后，Z 轴回零。

4）激光功率测量方法

操作方法：打开激光器电源，正常操作打开激光器，打开激光功率检测头的金属盖，打开 RSCON 软件，再单击"功率检测"按钮，等待几秒钟后在 RSCON 程序界面自动显示当前激光功率。

5）加工零件操作步骤

在正常开机后，依下列步骤加工：

（1）启动 RSCON。

（2）工况确认。

①测量并记录激光功率,确认激光功率是否正常。
②确认是否要添加树脂,如果是,则执行加料操作。
③确认树脂温度达到适宜温度(一般设定为 30 ℃,具体视使用的树脂来定),如果没有,则要等待。
④确认树脂液位平衡系统运转正常。
⑤确认工作平台位置已回零并处于与液面平齐的位置,如果没有,则要在 RSCON 的控制面板内调整工作平台位置。注意工作平台可略高于液面(0.5 mm 以内),但不能低于液面。

(3) 根据加工层厚和激光功率设置工艺参数。保存参数,使新工艺参数生效。

(4) 导入加工文件,进行加工模拟。

(5) 开始做件,做件前确保系统初始化或者达到做件准备状态。

(6) 每隔一定时间(如 15 min)观察加工过程,若有异常,可随时暂停或退出,排除故障或修改工艺参数后重新开始加工或者继续制作。

加工过程注意事项:
①不要长时间观看激光光斑。
②不要频繁开启成型室门。
③不要频繁开关成型室照明灯。
④不要磕碰机器。
⑤不要用力倚靠设备。

6) 停机取件与后处理

(1) 零件完成后,计算机会给出提示信息,记录屏幕上显示的加工时间。

(2) 单击"制作完成"按钮,Z 轴会上升到之前设定好的高度。

(3) 等待 10~15 min,让液态树脂从零件中充分流出。

(4) 用铲刀将零件铲起,小心从成型室取出,放入专用清理容器。注意防止树脂滴到导轨和衣物上。关闭成型室门。

(5) 去除零件上的支撑。

(6) 用专用的清洗溶剂和毛刷,把零件洗干净。

(7) 吹干零件表面的溶剂,然后将零件放入后固化箱固化。

7) 关机步骤

关闭激光器,关闭"照明""加热""激光""振镜",退出 RSCON,关闭计算机,按下急停开关,关闭所有电源。

5. 后处理工艺

后处理质量要求:美观、干净、表面无划痕、不粘手。其操作流程如下:

(1) 原型出机前,先看图纸或数据,确定所清洗工件的整体结构和支撑面结构。

(2) 原型出机后,及时去除能确定结构的大部分支撑或全部支撑。清洗前,严禁紫外光照射。

(3) 把去除支撑的原型放入清洗槽内用专用溶剂清洗。对于薄壁件,只能用干净溶剂快速清洗一次,时间不能超过两分钟。注意应洗干净,不留死角,并立即吹干。

(4) 第一次可用循环溶剂清洗,第二次则用干净的溶剂清洗。清洗完毕后,局部未清洗干净的部位使用蘸溶剂棉纱擦拭干净。

（5）清洗时注意小结构。对圆柱内、深孔、小夹槽及其他不易清洗的小结构内树脂，要细致清洗到位。

（6）清洗时，要小心细致，可用棉纱、毛刷、牙签等其他辅助工具清洗。

（7）清洗结束时，要立即用风枪吹掉原型表面溶剂。注意避免温度过高使零件变形。吹干后零件表面应不粘手。

（8）对吹干表面溶剂的原型，可在日光、紫外线烘箱内进行 10~20 min 二次光固化。对强度要求高时，固化时间可达 2 h。

（9）原型清洗结束后，注意原型摆放，以防止变形。

单元小结与评价

在学生完成本单元学习的整个过程中，教师通过视频、网络资源等向学生展示了国内外光固化成型设备的类型，重点介绍了上海联泰科技 AME R6000 光固化成型设备的性能参数、机械结构组成以及设备整体使用流程，极大提升了学生对光固化成型设备的理解，为后续的实践锻炼打下了良好的基础。

教师检查，同学们自查和互查，完成考核评价表。

姓名		组别	
考核项目		得分	备注得分点
阐述国内外光固化成型设备查阅情况			
阐述光固化成型设备的发展历程，探索创新、吃苦耐劳的精神			
分组分析、探讨 AME R6000 光固化成型设备的使用方法，规范意识			

学习单元 3　熔融沉积成型常用设备

单元引导

（1）国内外熔融沉积成型常用设备。
（2）熔融沉积成型设备使用的注意事项。

知识链接

熔融沉积成型思想最早由美国人 Scott Crump 在 1988 年提出，并于 1991 年开发了第一台商用机型，现在熔融沉积成型工艺已在各行各业中应用。供应熔融沉积成型工艺设备的主要有美国的 Stratasys 公司、3D Systems 公司、MedModeler 公司等，国内的清华大学也较早地进行了熔融沉积成型工艺商品化系统的研制工作，并推出熔融挤压制造设备 MEM250；上海富力奇公司的 TSJ 系列快速成型机采用了螺杆式单喷头，华中科技大学和四川大学正在研究开发以粒料、粉料为原料的螺杆式双喷头。

一、熔融沉积成型设备介绍

1. 国外熔融沉积成型设备

（1）美国 Stratasys 公司是丝材熔融沉积成型设备的著名厂商，多年来在熔融沉积机型开发上具有绝对优势，应用最为广泛。该公司自 1993 年开发出第一台 FDM1650 机型后，先后推出了 FDM2000、FDM3000、FDM8000，其中 FDM8000 机型的台面尺寸达到了 457 mm×457 mm×610 mm，1998 年推出了引人注目的 FDMQuantum 机型（见图 1-4-19），其成型尺寸可达 600 mm×500 mm×600 mm，挤出头采用的是磁浮定位系统，可以同时独立控制两个挤出机构，成型速度是普通熔融沉积型 3D 打印机的 5 倍；近年来，在小型桌面级 3D 打印机盛行的形势下，Stratasys 公司也适时推出了基于 FDM 建造方式的个人 3D 打印机。

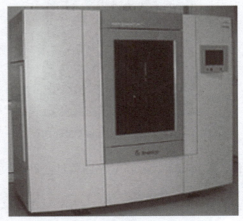

图 1-4-19　FDMQuantum 机型

（2）MakerBot 公司在 2014 年的 CES 展会上发布了新一代的产品 MakerBot Replicater 打印机，采用了智能喷头，如图 1-4-20 所示。

图 1-4-20　MakerBot Replicater

MakerBot Replicater 打印机的特点：
①更容易更换耗材，能够检测到耗材是否进入喷嘴，并能够自动停止打印。
②手机 APP 提供了全新的引导无线设置，方便打印以及节省时间。
③切片软件 MakerBot Print，智能模型排版，优化和简化 3D 打印过程。
④全新挤出机的组装构建体积增加了 25%，速度增加了 30%，噪声减少了 27%，性能更稳定，更安静，打印质量更好。
⑤全新的智能挤压喷头，更强的性能、耐用度和可靠性，改进了控温系统，同时加入更灵活的打印感应器。

（3）3D Systems Cube Pro（见图 1-4-21）。Cube Pro 具备三个打印头，因此能够打印出三种颜色混合而成的制件。能够打印最大尺寸 285.4 mm×230 mm×270.4 mm 的制件，而打印的材料除了 ABS 与 PLA 材质外，还增加了更为强韧的 Nylon 材质。

图 1-4-21　3D Systems Cube Pro

可以通过 iOS、Android、Windows 版 cubify 应用程序进行移动打印。

2. 国内熔融沉积成型设备

1）森工科技-K6
森工科技-K6 桌面级 3D 打印机（见图 1-4-22）的特点：

（1）外观采用三段式设计，U 形钣金配合注塑，完美流线型设计，圆润无棱角。

（2）采用全封闭打印，防尘，可以稳定打印高温材料。

（3）断电续打。来电后可继续打印，有效提高打印成功率。

（4）断料报警。缺料后机器发出报警，重新上料后继续打印。

（5）支持中途换料。打印过程中如需更换材料，保证中途轻松更换材料。

（6）支持智能支撑。智能生成面式支撑，相对传统支撑方式，支撑的面更加结实和平整，提高打印成功率和打印品质。

（7）加热异常保护。智能监控，若发生加热异常，机器会自动停机，杜绝意外发生。

（8）全金属速换喷嘴，支持更高温度打印，提升材料兼容性。

（9）喷头模块化，卡扣式易拆装设计。

（10）超低功耗，平均功率 100 W，峰值功率 200 W，节能省电，打印完成自动休眠；Wi-Fi 连接，可 APP 控制，如图 1-4-22 所示。

图 1-4-22　森工科技-K6 桌面级 3D 打印机

拓展功能：模块化易拆装激光雕刻模组；波长：约 405 nm；供电电压：12 V；工作电流：210 mA；光斑模式：点状；工作温度：±50 ℃；支持雕刻材料：木头类、部分塑料类、纸类、薄皮革、打印纸等。其参数如表 1-4-5 所示。

表 1-4-5　森工科技- K6 设备技术参数

参数类型	技术参数
成型原理	熔丝制造（FDM）
成型体积	12 000 cm^3（200 mm×200 mm×300 mm）
整机尺寸	415 mm×415 mm×540 mm
整机质量	22 kg
空间利用率（成型体积/整机体积）	13%

续表

参数类型	技术参数
耗材直径	1.75 mm
打印层厚	0.05~0.30 mm
XY 轴定位精度	0.012 5 mm
Z 轴定位精度	0.002 5 mm
打印精度	±(0.1~0.3) mm
建议打印速度	30~100 mm/s
最快打印速度	300 mm/s
喷嘴直径	0.4 mm,（可选配0.2 mm、0.8 mm、激光雕刻模块）
喷头结构	单喷嘴单进料
喷嘴最高温度	280 ℃
工作平台	抽屉式易拆装平台，新型平台系统，均匀加热防翘曲，稳固易用
工作平台温度	0~120 ℃
工作环境	15~40 ℃
支持材料	PLA、ABS、TPU（软料）、PHA、PETG、HIPS、PC、PA 等
材料颜色	多种颜色可选
运动结构	工字型联动式结构，近程送料，保证动力
耗材放置	隐藏式内置料架设计，同时支持外置
主控板	Cortex-M4 内核（DSP+FPU）HR；168 MHz 运行主频率；512 Kb~1 Mb Flash+192 KB SRAM，性能稳定、代码解析能力高
人机交互	4.3寸全彩触摸屏，480×272 分辨率（支持中文简体/繁体、英文、日文切换）
连接方式	Wi-Fi/USB Port/U Disk/ RJ45 网口
设备升级	U 盘升级，无须电脑及数据线，轻松完成升级
平台调平	智能调平
监控装置	配备高清摄像监控
电源输入（AC）	100~240 V，50~60 Hz
切片软件	自主研发的软件，同时兼容 cura
操作系统	MacOS, Windows, Linux
文件类型	STL, OBJ, Gcode, JPG, PNG 等

2）北京弘瑞—Z500

北京弘瑞—Z500（见图1-4-23）采用全封闭式一体机设计，温度恒定，静音，安全性更高。层高精度：0.05~0.40 mm。

定位精度：XY 轴为0.01 mm，Z 轴为0.002 5 mm。

采用的材料包括 PLA、ABS、HIPS、PVA、PE、PP、PETG、木屑、木质、碳纤维、尼龙等，如图 1-4-23 所示。

图 1-4-23　北京弘瑞—Z500

3）太尔时代—UP300

太尔时代—UP300 配备三个可互换的打印头，专为高温、低温和柔性细丝设计的打印头，使其更能适应打印多种材料，打印空间 205 mm×255 mm×225 mm，如图 1-4-24 所示。其具体特点如下：

图 1-4-24　太尔时代—UP300

（1）外壳设计优化了打印空间的保温性，减少了空气泄漏，并降低了部件翘曲的风险。

（2）配备增强型的空气过滤系统，独立，易于更换，高容量的 HEPA 和活性炭过滤器，可最大限度地减少 UFP 和 TVOCS 的排放。

（3）带有基于 Linux 操作系统的增强型触摸屏，能够接收程序更新，以方便未来版本的升级。

（4）预切片打印作业可以保存为 TSK 文件，是一种新的文件格式，包括图层高度、打印质量和填充等详细信息。可在一次打印中实现不同层厚、不同填充等不同设置的多个模型打印。

（5）打印床下方配置可拆卸废物收集盘，可调节的层高度从50~400 μm。

4）极光尔沃A-8

极光尔沃A-8（见图1-4-25）使用钣金作为整体机箱的全封闭式架构，X-Y-Z轴运动部件使用了直线导轨及滚珠丝杠，挤出结构设计成双挤出机送料，平台使用了特制玻璃材料。这样的结构使打印精度更高，使用更稳定，表面更精细，平台振动更小，取模更方便。

图1-4-25 极光尔沃A-8

其部分参数如下：

层厚：0.05~0.30 mm；机器尺寸：590 mm×450 mm×568 mm；打印速度：10~300 mm/s；机器质量：32 kg；XY轴定位精度：0.05 mm；Z轴定位精度：0.015 mm；支持材料：ABS、PLA；成型尺寸：350 mm×250 mm×300 mm。

二、熔融沉积成型设备的结构组成

熔融沉积成型设备总体上由硬件系统和软件系统组成。

1. 硬件系统

硬件系统由机械系统和控制系统组成。

1）机械系统

机械系统由运动、喷头、供料系统、成型室和材料室等单元组成，多采用模块化设计，各个单元相互独立。

运动单元只完成扫描和喷头的升降动作，且运动单元的竞速决定了整机的运动精度。加热喷头在计算机的控制下，根据零件的截面轮廓信息，作XY平面运动和高度Z方向的运动。

供料系统完成材料的输送，输送速度应该与喷头扫描运动速度同步。送丝机构主要由挤出电机及齿轮组构成，主要功能是利用齿轮间的摩擦，将挤出线材准确稳定高效地均匀输送到各个喷嘴，实现溶体物料的顺利挤出成型；能够稳定且可靠快速地将由送丝装置输送过来的塑料线材直接加热升温到熔融状态等。

成型室用来把丝状材料加热到熔融状态；材料室用来储存熔融沉积成型用的材料。

2）控制系统

熔融沉积快速成型设备需要精确的控制和监测才能确保物体的质量和准确性。控制系统包括数据采集模块、运动控制器和温度控制器等多个部分。通过对各部分的集成，可实现对加热系统、喷头和制备台面的自动化控制。

2. 软件系统

软件系统由几何建模单元和信息处理单元组成。

1）几何建模单元

在几何建模单元中，设计人员借助三维软件，如 Pro/E、UG 等，来完成实体模型的构造，并以 STL 格式输出模型的几何信息。

2）信息处理单元

信息处理单元主要完成 STL 文件处理、截面层文件生成、填充计算、数控代码生成和对成型系统的控制。

如果根据 STL 文件判断出成型过程需要支撑，则先由计算机设计出支撑结构并生成支撑，然后对 STL 文件分层切片，最后根据每一层的填充路径，将信息传送给成型系统完成成型。

三、熔融沉积成型设备使用注意事项

（1）操作设备前，操作员必须充分熟悉设备的结构、性能参数和工作原理，以及设备的基本操作技术和基本配置。

（2）在加工程序开始工作前需检查各部件运行状态和各种传感器信号是否传输正常，开机使用前首先要注意确保打印机平稳放置，接电可靠。

（3）不得在设备上放置其他物品，以避免损坏机器发生事故。

（4）换材料前，应在充分加热后轻松拔出，未充分加热不得用力拔出，避免损坏喷头系统。

（5）打印机喷嘴系统是一种加热设备，工作过程中应有人监管，以避免设备乱丝后损坏，甚至因故障引起火灾。

（6）加工过程中请勿将头、手或身体任何其他身体部位直接伸入成型室内，勿随意触摸设备运动和加热部件。

（7）在加工过程中或者刚刚加工完时，打印头处于高温状态，禁止身体的任何部位与其接触。

（8）在成型室的任何位置，至少当温度降至 50 ℃ 以下时再取下并清洁零件。

（9）加工操作完成后，必须立刻关闭主电源开关，清理所有工具，待工作面逐渐冷却至接近正常室温范围后，再清洁设备和场地。

（10）所有零部件应定期维护，有缺陷的零部件应及时更换，避免因零部件老化而失效引发事故，维护期间禁止带电操作。

（11）持续改进相关管理制度，注重操作者应急处理能力的培养，为突发故障能及时安全处理提供保障。

四、熔融沉积成型设备发展趋势

（1）技术创新将成为主要动力。随着市场对高性能、高精度、高效率产品的需求不断增加，熔融沉积技术必须不断进行技术创新，提高设备的性能，降低成本，完善生产工艺等。只有不断进行技术创新，才能满足市场需求，提高竞争力。

国内一些高校科研院所对熔融沉积型3D打印机的喷嘴和散热结构做了很多研究与创新，西安交通大学对熔融沉积型喷嘴外挂式喷头中材料的压力分布和速度场进行了有限元分析和试验验证，得出断丝的原因，并且设计出了喷嘴、加热腔一体化的喷头；长春理工大学设计出了三喷嘴的熔融沉积型3D打印机，该设计为提高打印速度和打印件的成型精度提供了有效的解决方案；山东大学利用半导体制冷技术，与3D打印温度控制相结合，研究出了可调节的制冷系统，有效地解决了3D打印中打印件截面因为散热不良引起的错位问题。

（2）加速产业化进程。为了更好地满足市场需求，国内企业应加快熔融沉积技术的产业化进程，推动熔融沉积技术在更多领域的应用。只有通过产业化，才能够真正实现技术的商业化，推动技术不断迭代和进步。

（3）针对不同的材料属性和打印场合，可定制化地设计相应的送料机构。例如设计更为灵巧、稳定的送料结构，以适应热塑性弹性体材料对打印设备的严苛要求，避免打印过程中出现"屈曲"等失效现象。同时，还可针对高端领域应用如航空航天等，设计耐高温的送料结构，以适应工程材料如聚醚酰亚胺、PEEK等的打印成型。由于未来太空制造会受到越来越多的重视，因此还可针对真空环境下的熔融沉积打印加工，设计满足在高真空太空环境下的送料或打印机构，满足实际需求。

（4）进一步搭建和丰富熔融沉积成型加工的温控系统，以获得更大范围的温度场分布，实现成型室内的温度精准调控，补偿从喷嘴挤出到打印平台过程中的温度损失，以进一步提高熔融沉积加工对结晶型高分子的适应性，提高打印制件的力学性能，减少各向异性。

（5）结合当下先进的传感技术，构建更为精准的压力、温度、黏度传感系统，实现对熔融沉积打印全过程的监控。这有助于从本质上研究熔融沉积打印技术，实现科学的工艺调控，降低由于打印过程缺陷带来的损失，同时对接工业化生产。

对熔融沉积3D打印设备的研究不可与其打印材料剥离开来。未来，对设备的不断完善和改进有助于进一步扩大熔融沉积可打印材料的使用范围，从而进一步拓展熔融沉积3D打印的应用领域。

单元小结与评价

在学生完成本单元学习的整个过程中，教师通过视频、图片、网络资源等向学生展示了国内外熔融沉积制造成型设备的类型，尤其是国内熔融沉积制造成型设备，目前种类很多，重点展示了森工科技-K6设备的性能参数、特点，同时介绍熔融沉积制造成型设备使用的注意事项及未来的发展。

教师检查，同学们自查和互查，完成考核评价表。

姓名		组别	
考核项目		得分	备注得分点
阐述国内外熔融沉积制造成型设备查阅情况			
分组阐述国内外熔融沉积制造成型设备的区别，多角度看问题			
阐述熔融沉积制造成型设备结构组成、注意事项及未来发展			

学习单元 4　选择性激光烧结成型常用设备

单元引导

（1）选择性激光烧结成型设备的发展。
（2）选择性激光烧结成型设备的介绍。

知识链接

一、选择性激光烧结成型设备的发展

选择性激光烧结是最早的增材制造技术之一，由德克萨斯大学奥斯汀分校的 Carl Deckard 博士和 Joe Beaman 博士于 20 世纪 80 年代中期开发，美国 DTM 公司于 1992 年推出了该工艺的商业化生产设备，1994 年 EOS 推出了 EOSINT P350。

选择性激光烧结技术从诞生到现在，已经广泛应用到各个领域，30 余年来国内外的研究人员对选择性激光烧结技术的成型工艺、方法、材料、设备精度等开展了大量的理论与试验研究。目前相关的研究主要集中在美国的 DTM 公司、3D Systems 公司，德国的 EOS 公司；国内的南京航空航天大学、华中科技大学、清华大学、西安交通大学、北京隆源自动成型系统有限公司等。

二、选择性激光烧结成型设备的介绍

1. 国内外选择性激光烧结成型设备主要参数

国内外选择性激光烧结成型（部分）设备参数如表 1-4-6 所示。

表 1-4-6　国内外选择性激光烧结成型（部分）设备参数

参数 型号	研制单位	加工尺寸 /(mm×mm×mm)	层厚/mm	激光光源	激光扫描速度 /(m·s^{-1})	控制软件
Vanguard Si2 SLS	3D Systems （美国）	370×320×445		25W 或 100 W CO_2	7.5（标准） 10（快速）	
Sinterstation 2500plus	DTM （美国）	368×318×445	0.101 6	50 W CO_2		
Sinterstation 2000		ϕ304.8×381	0.076 2~ 0.508	50 W CO_2		
Sinterstation 2500		350×250×500	0.07~ 0.12	50 W CO_2		

续表

型号 参数	研制单位	加工尺寸/(mm×mm×mm)	层厚/mm	激光光源	激光扫描速度/(m·s^{-1})	控制软件
Eosint S750	EOS（德国）	720×380×380	0.2	2×100 W CO_2	3	Eos RP tools Magics RP Expert series
Eosint M250	EOS（德国）	250×250×200	0.02~0.1	200 W CO_2	3	Eos RP tools Magics RP Expert series
Eosint P360	EOS（德国）	340×340×620	0.15	50 W CO_2	5	Eos RP tools Magics RP Expert series
Eosint P700	EOS（德国）	700×380×580	0.15	50 W CO_2	5	Eos RP tools Magics RP Expert series
AFS-320MZ	北京隆源公司	320×320×435	0.08~0.30	50 W CO_2	4	AFS Control2.0
HRPS-Ⅲ	华中科技大学	400×400×500		50 W CO_2	4	HPRS'2002

2. 华中科技大学 HRPS-Ⅲ 选择性激光烧结成型设备

华中科技大学 HRPS-Ⅲ 选择性激光烧结成型设备如图 1-4-26 所示，其在硬件与软件方面都有自身的特点。

图 1-4-26　华中科技大学 HRPS-Ⅲ 选择性激光烧结成型设备

1）硬件方面

扫描系统采用国际著名公司振镜式动态聚焦扫描系统，具有高速度、高精度的特点；激光器采用 CO_2 激光器，具有稳定性好、可靠性高、模式好、寿命长、功率稳定、可更换气体、性价比高等特点，并配以全封闭恒温水循环冷却系统；新型送粉系统可使烧结辅助时间大大缩短；排烟除尘系统能及时充分地排除烟尘，防止烟尘对烧结过程和工作环境的影响；全封闭式的工作腔结构，可防止粉尘和高温对设备关键元器件的影响。

2）软件方面

切片模块具有 HRPS-STL（STL 文件）和 HRPS-PDSLice（直接切片文件）两种模块；数据处理方面具有 STL 文件识别及重新编码，容错及数据过滤切片，STL 文件可视化，原型制作实时动态仿真等功能；工艺规划方面具有多种材料烧结工艺模块，包括烧结参数、扫描方式、成型方向等；安全监控方面具有设备与烧结过程故障自动诊断、故障自动停机保护等功能。

3. 德国 EOS 选择性激光烧结成型商用设备

1）EOS 设备总体发展

1989 年，Dr. HansLanger 和 Dr. HansSteinbichler 合作建立了 EOS 公司，该公司一直致力于选择性激光烧结快速成型系统的研究开发与设备制造工作。1990 年，EOS 向宝马公司的研发项目部卖出了第一台 3D 打印设备——STER EOS 400。此后 EOS 发布了自己的 3D 打印系统，并成为欧洲第一家提供高端快速成型系统的企业。1994 年，EOS 成为世界上第一个能够提供 SLA 和 SLS 系统的公司，采用 SLS 系统的 EOS IN-TP350 设备发布。几年后，EOS 和 3D Systems 达成协议，取得全球选择性激光烧结技术应用专利，开始聚焦 SLS 成型设备生产。2001 年，该公司发布了打印塑料的 SLS 系统 EOS INTP380 设备，打印生物安全聚合物材料的 PA2200 设备；2006 年推出了 FORMIGA P100，该系统在引入塑料行业多年后，为塑料行业的工业 3D 打印质量设定了标准，具有里程碑式的意义。

经过 35 年的发展，EOS 公司现在已经成为全球技术领先的选择性激光烧结系统 3D 打印机的制造商。

2）EOS 高温选择性激光烧结成型设备

尽管 SLS 中最常用的材料仍然是尼龙，但 EOS 还希望能够打印其他粉末材料，如 PEEK，该材料需要更高的温度才能打印。2008 年，EOS 第一个高温选择性激光烧结成型设备 EOSINT P800 面世，内部操作温度可高达 385 ℃，从而将选择性激光烧结技术扩展到 PEEK 等热塑性塑料的新范围。10 年后，EOS 推出高温 3D 打印机 P810，该打印机据称是世界上第一款针对碳纤维增强 PEEK 材料的高温激光烧结系统。

3）EOS P770 尼龙选择性激光烧结成型设备

EOS P770 是面向大型零部件生产和大规模工业制造的双激光器增材制造系统；EOS P770 拥有超大的成型空间，支持生产一米长的零部件。得益于其全新的硬件和软件特性，EOS P770 的生产率比上一代系统高出达 20%。由于优化了温度管理，改进了重新铺粉速度而且配备大功率激光器，大幅降低了每个零部件的成型时间和成本。配备经过改进的扫描振镜，激光扫描精度比上一代系统大幅提升。因此，重叠区域不会呈现明显边缘。生产完成后，冷却工作台可提供冷却过程所需的条件。EOS P770 尼龙选择性激光烧结成型设备如图 1-4-27 所示。

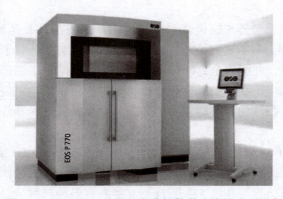

图 1-4-27　EOS P770 尼龙选择性激光烧结成型设备

4）EOS M280 选择性激光烧结成型设备

EOS M280 金属粉末烧结系统，采用选择性激光烧结成型技术，利用光纤激光器对各种金属粉末材料直接烧结成型，材料包括：模具钢、钛合金、铝合金以及 CoCrMo 合金、铁镍合金等。

利用 EOS M280 金属粉末烧结系统生产模具，可以实现非常复杂的热流道设计，从而能够很好地提升模具使用性能和产品品质。EOS M280 金属粉末烧结系统，适用于人体植入物、牙齿、头盖骨修复、假肢及医疗器械研发等医学用途。EOS M280 选择性激光烧结成型设备如图 1-4-28 所示。

图 1-4-28　EOS M280 选择性激光烧结成型设备

三、其他选择性激光烧结成型设备

1. 混合材料选择性激光烧结成型设备

尽管 EOS 和其他知名的厂商主要致力于光源系统方面的创新，但比利时公司 Aerosint 已经采取了更为激进的方法来开发选择性激光烧结系统，它能够使用两种不同的粉末进行打印，其中一种廉价粉末用作支撑材料。通常，选择性激光烧结成型设备仅能使用一种材料，其中未熔化的粉末起到支撑作用，然而往复的高温加热使材料的性能大打折扣。当前，克服此问题的唯一方法是将旧粉与新粉混合，Aerosint "选择性粉末沉积" 技术，是通过有选择地从旋转的转鼓上沉积粉末材料来实现的，该转鼓穿过整个打印区域，一个转鼓沉积一种材料，因此至少使用两个转鼓来实现多材料沉积。Aerosint 可以实现高达 200 mm/s 的打印速度，与铺粉辊送粉速度基本一致。该技术的成熟将为制造商带来大量机遇，包括减少粉末浪费，节省材料成本和减少后处理时间等。

2. 台式选择性激光烧结成型设备

近年来，市场上涌现出许多选择性激光烧结成型设备新公司，最典型的一项转变就是台式选择性激光烧结成型设备的涌现。虽称为 "台式"，但其体积并不小，而且结构紧凑以适合车间环境。台式选择性激光烧结成型设备的出现为无力承担工业级激光烧结系统的生产者和小型企业降低了使用该技术的门槛。这些新兴的企业包括波兰 Sinterit 公司、意大利 Sharebot 公司、瑞士 Sintratec 公司以及美国 Formlabs 公司。Sinterit 一直是这个不断增长市场的领先者，其推出的其中一台设备的成型尺寸为 150 mm×200 mm×150 mm，最小层分辨率为 0.075 μm，非常适合希望引入选择性激光烧结技术而无须在大型设备上投入过多成本的小型企业。Sharebot 推出的 100 mm×100 mm×100 mm 尺寸的打印机，仅用 300 g

的粉末就可以进行打印，特别适合材料开发应用。

单元小结与评价

在学生完成本单元学习的整个过程中，教师通过视频、图片、网络资源等向学生展示了国内外选择性激光烧结成型设备的类型，对国内外常用设备的参数进行了对比，让学生更好地了解选择性激光烧结成型设备，并介绍了其他一些选择性激光烧结成型设备公司的发展。

教师检查，同学们自查和互查，完成考核评价表。

姓名		组别	
考核项目		得分	备注得分点
阐述对国内外选择性激光烧结成型设备查阅情况			
分组阐述选择性激光烧结成型设备的发展趋势			
自主学习习惯、规范意识的养成			

学习单元 5　选择性激光熔融常用设备

单元引导

（1）国内外常用的选择性激光熔融常用设备。
（2）选择性激光熔融常用设备的特点。

知识链接

一、SLM125 金属 3D 打印机

SLM125 金属 3D 打印机是由德国 SLMSolutions 公司制造的小型金属 3D 打印机，如图 1-4-29 所示，它具有强大的激光熔融能力，构建空间为 125 mm×125 mm×125 mm，专为生产高精度和表面质量的中小型部件而设计，适用于研发领域及快速成型。其具体特点为：
（1）开放的软件构架和系统参数，允许根据具体生产需求进行修改。
（2）双向铺粉使打印效率显著提高。
（3）保护气以层流的方式进行内部循环，保证了其安全性和成本效益。
（4）通过独特、灵活和开放的软件架构定制加工流程，实现更好的系统控制。
（5）闭环的粉末处理单元能够处理绝大部分金属粉末，并且节省粉末材料。金属粉末的更换操作简便快捷，降低了生产成本。

图 1-4-29　SLM125 金属 3D 打印机

二、AFS-M120 选择性激光熔融设备

AFS-M120 选择性激光熔融设备为隆源成型设备，是利用激光根据数字模型分层截面

信息选择性地逐层扫描金属粉末并最终使被扫描金属粉末熔化、凝固成型的金属增材制造国产设备,如图1-4-30所示,其具有高稳定性、高成型精度、完善的工艺系统和智能化系统。

图1-4-30　AFS-M120

三、AME M1800与AME M2600工业级SLM快速成型设备

AME M1800与AME M2600工业级SLM快速成型设备是联泰科技重要的选择性激光熔化设备,AME M1800工业级SLM快速成型设备尺寸较小,打印灵活,如图1-4-31所示;AME M2600工业级SLM快速成型设备稳定智能,适合小批量产品打印,如图1-4-32所示。两款设备的性能参数如表1-4-7所示。

图1-4-31　AME M1800　　　图1-4-32　AME M2600

表1-4-7　AME M1800与AME M2600工业级SLM快速成型设备参数

型号 参数	AME M1800	AME M2600
设备尺寸	1 000 mm×900 mm×1 900 mm	1 930 mm×1 230 mm×2 070 mm
有效成型尺寸	180 mm×180 mm×165 mm	255 mm×255 mm×310 mm
设备净重	1 000 kg	1 600 kg
激光器	RFL-500W/IPG500W（可选）	RFL-500W/IPG500W（可选）
含氧量控制	≤100 ppm（1 ppm=0.000 1%）	≤100 ppm

续表

型号 参数	AME M1800	AME M2600
光斑直径	50~100 μm（可调）	60~100 μm（可调）
基板加热	最高 200 ℃，控制精度±2 ℃	最高 200 ℃，控制精度±2 ℃
扫描速度	最大 7 m/s	最大 7 m/s
层厚范围	20~80 μm	20~100 μm
刮刀种类	陶瓷刮刀、橡胶刮刀	陶瓷刮刀、橡胶刮刀、高速钢刮刀（选配）
可选材料	模具钢、高温合金、铝合金、钛合金等	模具钢、高温合金、铝合金、钛合金等
电源要求	AC 220 V（1±5%），50 Hz，4 kW，三相五线制	AC 220 V（1±5%），50 Hz，6.5 kW，三相五线制

单元小结与评价

在学生完成本单元学习的整个过程中，教师通过视频、图片、网络资源等向学生展示了国内外选择性激光熔融成型设备的类型，包括 SLM125 金属 3D 打印机，AFS－M120、AME M1800、AME M2600 等型号的 SLM 快速成型设备。

教师检查，同学们自查和互查，完成考核评价表。

姓名		组别	
单元考核点		得分	备注得分点
阐述国内外选择性激光熔融成型设备查阅情况，自主学习习惯			
分组探讨选择性激光熔融成型设备的应用			

学习单元 6　其他快速成型常用设备

单元引导

（1）三维喷涂黏结成型工艺（3DP）成型设备。
（2）电子束熔化成型工艺（EBM）、数字光处理快速成型工艺（DLP）成型设备。

知识链接

一、三维喷涂黏结成型工艺（3DP）成型设备

21世纪以来，三维喷涂黏结成型技术在国外得到迅猛发展，三维喷涂黏结成型设备的销售数量急速增长，表明国外对三维喷涂黏结技术的研究也越来越多。国外的研究已经历了在材料方面由软材料到硬材料、喷头方面由单喷头线扫描印刷到多喷头面扫描印刷、打印工艺由间接制造到直接制造的过程，在打印速度、制件精度和强度等方面的研究也都相对较为成熟。

国内相对于国外发达国家来说，三维喷涂黏结成型工艺引入相对较晚，虽然在近年来也获得了较为迅速的发展，但仍与国外水平有着一定的差距。国内目前对三维喷涂黏结成型工艺研究较多的高校有华中科技大学、上海交通大学、华南理工大学、南京师范大学、西安理工大学等，研究重点也各有不同。其他一些高校和地方企业也对该技术产生了浓厚的兴趣并展开了一定的研究工作，如南京宝岩自动化有限公司、杭州先临三维科技股份有限公司自主研发出了各自类型的三维喷涂黏结成型设备。目前，三维喷涂黏结技术已经出现在生物医学、医疗教学、航空航天、模具制造、工艺品制造等诸多领域。

3D Systems公司推出了ProJet系列三维喷涂黏结成型设备，并且Z Corporation公司（现已并入3D Systems公司）也推出了Z系列三维喷涂黏结成型设备。

3D Systems公司作为快速成型设备全球最早的设备供应商之一，一直以来都致力于增材制造技术的研发与技术服务工作。面向不同用户的需求，目前该公司推出的三维喷涂黏结成型设备分为Personal系列与Professional系列。2009年以来，3D Systems公司推出了多种价格较低，面向小客户的Personal系列三维喷涂黏结成型设备，主要型号有Glider、Axis Kit、RapMan、3D Tou-ch、ProJet 1000、ProJet 1500、V-Flash等。

其中ProJet 1000、ProJet 1500及V-Flash等三维喷涂黏结成型设备具有较高的打印分辨率和速度，更明亮的色彩及更好的模型耐久性。如表1-4-8所示为不同型号产品之间的对比。如图1-4-33所示为ProJet 1500三维喷涂黏结成型设备。

表1-4-8　不同型号产品之间的对比

型号	ProJet 1000	ProJet 1500	V-Flash
模型最大尺寸/（mm×mm×mm）	171×203×178	171×228×203	228×171×203

续表

分辨率/DPI	1 024×768	1 024×768	768×1 024
层厚/μm	102	102（最高模式为 152）	102
垂直建造速度/(mm·s^{-1})	12.7	12.7（最高模式为 20.3）	N/A
最小特征尺寸/mm	0.254	0.254	N/A
最小垂直壁厚/mm	0.64	0.64	0.64
材料颜色	白	白、红、灰、蓝、黑、黄	黄色和乳白色
文件数据格式		STL、CTL	STL
外轮廓尺寸/mm	555×914×724	555×914×724	666×685×787
设备质量/kg	55.3	55.3	66

图 1-4-33　ProJet 1500 三维喷涂黏结成型设备

二、电子束熔化成型工艺（EBM）成型设备

目前，电子束熔化因其强大的能力而逐渐受到关注，意大利 Avio 公司利用瑞典 Arcam 公司生产的电子束熔化成型设备制造出飞机发动机涡轮叶片；西班牙 GH Induction 公司利用电子束熔化成型设备打印出纯铜感应线圈，其使用寿命得到大幅提高，并降低了生产成本。

1. Arcam EBM S12

瑞典 Arcam 是首家将电子束熔化成型系统商业化的公司，Arcam 从 2001 年开始研究电子束熔化成型系统，2003 年推出第一台电子束熔化成型设备 EBM S12，图 1-4-34 所示。

EBM S12 最大成型尺寸：210 mm×210 mm×200 mm；电子束最大输出功率：4 kW；层厚：0.05~0.20 mm；电子束定位准确性：±0.05 mm。

2. Arcam Spectra L

Arcam Spectra L 通过提供独特的 EBM 功能，在不影

图 1-4-34　Arcam EBM S12

响质量的情况下紧密堆叠零件,实现了零件的大规模生产。由于电子束功率增加到 4.5 kW,电子束控制也得到加强,与以前的 Arcam EBM 机器相比,构建速度提高了 30%。Spectra L 改进了熔体工艺,使其表面粗糙度降低,并使薄而大的几何形状的材料性能一致。与以前的 Arcam 机器相比,每个零件的成本降低了 20%,该机器专为提高生产力和制造大件零件而设计,如图 1-4-35 所示。

图 1-4-35　Arcam Spectra L

3. Sailong-Y150

Sailong-Y150 作为西安赛隆 EBM 成型设备,为骨科植入物稳定生产而设计,电子束功率为 3 kW,最大成型尺寸为 150 mm×150 mm×180 mm(可升级为 170 mm×170 mm×180 mm),支持常用医用金属零件(钛合金、钽、锆合金等)的 3D 打印成型,打印过程无人值守,如图 1-4-36 所示。设备同时兼顾科研的需求,成型工艺参数可灵活调节,支持定制更小的成型仓(成形尺寸:100 mm×100 mm×100 mm),方便快速开发新材料成型工艺,可成型钛合金、难熔金属、金属间化合物、高温合金、不锈钢、锆合金、硬质合金等材料。

图 1-4-36　西安赛隆增材 Y150 型 EBM 3D 打印机

三、数字光处理快速成型工艺（DLP）成型设备

国外代表性的数字光处理快速成型设备制造商包括：3D Systems、Desktop Metal 子公司 Adaptive3D 和 Envision TEC 等。国内代表性的数字光处理快速成型设备制造商包括：联泰科技、迅实科技、先临三维、闪铸科技、铼赛科技 RAYSHAPE 等。

联泰科技 AME RH1400、AME RH2500、AME RH4000 工业级 DLP3D 打印设备分别如图 1-4-37、图 1-4-38、图 1-4-39 所示，设备相关参数见表 1-4-9。

图 1-4-37　AME RH1400　　　图 1-4-38　AME RH2500　　　图 1-4-39　AME RH4000

表 1-4-9　AME RH1400、AME RH2500、AME RH4000 工业级 DLP3D 打印设备参数

型号 参数	AME RH1400	AME RH2500	AME RH4000
打印幅面	143 mm×80 mm×80 mm	250 mm×140 mm×240 mm	384 mm×216 mm×300 mm
像素尺寸	56 μm	65 μm	100 μm
分辨率	2 560×1 440 HD	4K	4K
光源类型	UV LED	UV LED	UV LED
层厚	50 μm, 100 μm	0.05~0.10 mm	0.1 mm
数据传输接口	USB/Ethernet/WiFi	USB/Ethernet/WiFi	USB/Ethernet/WiFi
电力需求	110/220 V AC, 50/60 Hz, 500 W	200/240 V AC, 50/60 Hz, 800 W	110/220 V AC, 1 kVA
外形尺寸	425 mm×410 mm×715 mm	600 mm×510 mm×1 450 mm	740 mm×840 mm×1 910 mm
质量	23 kg	122 kg	400 kg

单元小结与评价

在学生完成本单元学习的整个过程中，教师通过视频、图片、网络资源等向学生展示了 3DP 成型设备性能参数以及电子束熔化成型工艺 EBM、DLP 成型设备，让学生了解增材制造技术其他成型工艺设备。

教师检查，同学们自查和互查，完成考核评价表。

姓名		组别	
考核项目		得分	备注得分点
阐述增材制造技术其他成型工艺设备的查阅情况，自主学习习惯的养成			
分组阐述 3DP 成型、电子束熔化成型、DLP 成型等设备的性能、特点			

学习情境五　增材产品模型设计——创新未来制造的"加速器"

情境导入

如图1-5-1所示，只需轻轻按下按钮，再等上几个小时，一件家具的原型就摆在眼前等待检验——很难想象吗？在材料创新、自动化和尖端技术的推动下，一个家居装饰的新时代正在兴起；3D打印打开了一个超越传统设计界限的新世界。是的，家具仍然在使用传统方法大量生产——成型、切割、弯曲——但3D打印正在颠覆这个行业。随着革命性技术的发展和普及，它释放出无与伦比的创意表达和效率。其概念很简单：使用3D建模软件创造设计，然后以物理的形式逐层打印，使复杂的几何图形栩栩如生。这是一种全新的数字工艺。3D打印流线化，简化并降低了设计家具的成本，可以快速且精确地测试多个原型并开发不受传统品味限制的定制产品。设计师可以自由地尝试新的形式和风格，而这些风格通常因为太复杂而无法通过传统的方式和模具生产出来。与此同时，增材制造方法为更可持续的生产过程打开了大门，包括但不限于：使用升级回收材料；小批量或按需生产家具零件从而减少浪费；通过远程传输数字文件到本地生产的方式从而减少碳排放等。那么在设计的过程中，设计师是如何构思产品的呢？我们可以通过怎样的方式快速设计出一款创新产品呢？

图1-5-1　增材制造的创意场景

情境目标

知识目标

了解增材产品模型设计基本思维。

了解增材产品模型设计的方法和相关案例。

能力目标

能针对目标设计进行创意构思。

能通过3D打印技术实现产品设计。

素养目标

培养学生设计产品的创新意识和团队分工合作精神。

提高学生的设计意识,培养学生的工匠精神与劳动意识。

培养学生将中国特色元素融入创新作品的意识。

增材小课堂

中国风特色创意增材设计产品在国际上备受好评

伴随着国力增强,民族意识复苏,在探寻中国设计界的本土意识之初,逐渐成熟的新一代设计队伍和消费市场孕育出含蓄秀美的中式风格。它凭借古典优雅的装饰特点深受大众的喜爱,与西方设计风格不同的是,它们是不同文化背景所衍生出来的产物,本质上就有所区别,凝练唯美的中国古典情韵,数千年的婉约风骨,以崭新的面貌蜕变舒展,以内敛沉稳的古意中国为源头,融入时尚元素与实用主义的表现手法。随着增材设计市场化、商业化的推进,将中国特色元素融入产品将成为彰显中国国力的一种表现形式。如图1-5-2所示是2012北京国际设计周上,设计师宋波纹展示了自己的3D打印系列作品"十二水灯",它的灵感来源于中国宋代画家马远的水画名作"十二水图",该系列作品还获得了中央美术学院"总统提名"的最高奖项。

图1-5-2 3D打印系列作品"十二水灯"

学习单元1　增材产品模型设计的基本要求

单元引导

（1）增材思维的三个特点：_____、_____、_____。
（2）增材思维的培养可以从哪方面入手？

知识链接

增材制造不仅是一种新工艺手段，更是新一轮产业革命中改变人类生产和生活方式的重要引擎和颠覆性技术体系，其背后的增材思维正在带来一场释放设计自由度和激发创造力的革命。

在思维层次上，增材思维必然包含了科学思维与艺术思维这两种思维的特点，或者说是这两种思维方式的整合结果。所谓科学思维，也就是逻辑思维，它是一种连锁式的、环环相扣、递进式的思维方式。而艺术思维则以形象思维为主要特征，包括一种灵感思维（直觉）在内。

一、增材思维的特点

（1）以艺术思维为基础，与科学思维相结合。
（2）设计思维在艺术思维中具有相对独立和相对重要的位置。
（3）设计思维是一种创造性思维，它具有非连续的、跳跃性的特征。

增材设计是一种创造性思维，从本质上说是一种原创性思维，无论设计什么，如果是与过去不同的设计，这就意味着创造。增材设计的过程是一个探索过程，探索本身充满了思考与创造因素。因此设计的创造性思维是一个既有量变又有质变，从内容到形式或从形式到内容多阶段的创造性思维活动过程。设计的创造性思维是多种思维方式的综合运用，其创造性也体现在这种综合之中。设计思维具有"陌生化"的特点，所谓"陌生化"就是人们生疏不熟悉，即新的东西，这就是我们通常所说的创新——创造新形式，创造一个前所未有的东西。总之，设计思维所要解决的问题是创造新的前所未有的东西或形式，解决前人没有解决的新问题。因此，设计的过程充满了思考与创造因素，具有独创性。

因此，培养创新思维需要设计师具备多方面的准备和能力。

二、增材思维的培养

设计师首先需要掌握艺术与设计的知识技能，这是所有设计师必需的首要条件，包括造型基础技能、专业设计技能及与设计相关的理论知识。

（1）造型基础技能是通向专业设计技能的必经桥梁。造型基础技能以训练设计师的形态——空间认识能力与表现能力为核心，为培养设计师的设计意识、设计思维乃至设计表达与设计创造能力奠定基础。造型基础技能包括手工造型，摄影、摄像造型和电脑造型。

手工造型是基础,是设计师把想法实践出来的第一步;电脑造型既是基础,又是发展的趋势,客观上已成为设计师必须掌握的最重要的基础造型技术,有着无限广阔的应用与发展前景。常见的增材制造建模软件有 SolidWorks、中望等。

①设计师要想绘好效果图,必须首先掌握透视图的原理和画法。透视图是在二维平面上用线条表现出来的对象的三维视觉效果,是绘制效果图的基础。在工业产品的表达过程中,常用马克笔上色实现快速的产品创意表达。马克笔的颜料具有易挥发性,用于一次性的快速绘图,常用于设计物品、广告标语、海报绘制或其他美术创作等场合,能够快速表现产品体量关系以及形面转折,这也要求我们先对阴影光照有正确的分析,可以直接通过马克笔表现渐消、凸起、凹陷等形态,如图1-5-3所示。

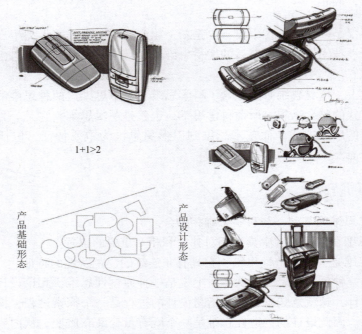

图1-5-3 工业设计手绘图

②摄影、摄像也是设计师所应具备的技能。资料性的摄影、摄像,它们可以为设计创作搜集大量的图像资料,也可以记录作品供保存或交流之用,用来锻炼设计师的观察能力,发现生活中的细节和痛点。如图1-5-4所示,设计师通过观察鹰的眼睛,创新性设计出车灯形状。

③材料成型是依靠外力使各种材料按照人的要求形成特定形态的过程,包括人工成型和机械成型。设计是需要手脑并用的,设计师的动手技能也不能忽视。如图1-5-5所示,油泥模型(Plastocene Model),在设计过程中计算机辅助设计应用已经非常广泛,但油泥模型因为它的高效和表现的真实性而仍被广泛采用。在油泥模型制作与开发中所用的油泥,与一般的橡皮泥类似,但要求更高,油泥的

图1-5-4 车灯设计参考鹰眼

材料主要成分有滑石粉（62%）、凡士林（30%）和工业用蜡8%。造型师将它敷在木质骨架上，利用刮刀、刮片等工具可对它进行形体塑造，按一定的比例雕塑出产品的外形。

图 1-5-5　油泥设计作品

④一种最新的电脑辅助设计技术——快速成型技术（即 RPM 技术），又称快速原型制造技术，可以将电脑上的创意设计准确地复制成三维固态实物，就像打印机打印文件图纸一样方便，这是材料成型技术的重大突破。随着 RPM 技术的进一步发展和完善，将来必定成为广大产品设计师普遍采用的一种设计手段。

⑤设计师不应满足于原始、简单的"夕阳"型材料和技术而沾沾自喜，应尽量接触各种先进的"朝阳"型新材料和新技术，借以不断拓展技术创造的无限可能性。计算机辅助设计就是其中一种"朝阳"技术，几乎渗透到设计的每一领域、每一过程。

（2）专业设计技能包括视觉传达设计、产品设计与环境设计技能。各专业设计师较大的区别在于专业设计技能上的"各有所长"，这也是他们专业划分的依据所在。例如视觉传达设计师的专业技能主要在于设计、选择最佳视觉符号以充分准确地传达所需传达的信息；产品设计师的专业技能主要是决定产品的材料、结构形态、色彩和表面装饰等。各专业设计技能虽有差异，但并没有绝对的界限，而是相互渗透、相辅相成的。

（3）设计师应掌握的艺术与设计理论知识，主要有艺术史论、设计史论和设计方法论等。设计师不仅要熟悉中外艺术设计史论，同时还要关注当代艺术设计的现状和发展趋势，这样才能开阔视野，加深文化艺术修养，增强专业发展的后劲。

在中外设计史中，有很多名人和集团的设计思维一直影响着后人，如图 1-5-6 所示，威廉莫里斯是"工艺美术"运动最主要的代表人物，英国设计家、诗人和社会主义者，被设计界称为"现代设计之父"。他的创新性设计思想有：

图 1-5-6　设计作品

①进一步提出设计的民主思想,他反复强调设计的两个基本原则:产品设计和建筑设计是为千千万万的人服务的,而不是为少数人的活动;设计工作必须是集体活动,不是个体劳动。

②强调手工艺,明确反对机械化批量生产,认为手工制品永远比机械产品更容易做到艺术化。

③产品装饰上,反对矫揉造作的维多利亚风格和古典主义复兴;主张艺术家和技术家团结协作的创造活动。

④在具体设计上,强调实用性和美观性的结合,对于他来说,实用但丑陋的设计也是不好的设计。

包豪斯的设计理念,以现代性同时和技术科技智慧融合在一起促进社会变革,如图1-5-7所示,包豪斯提倡运用简化的形状和线条来革新现代主义设计,整体非常简洁。"形式追随功能",它强调产品的功能,而不是刻意装饰。回归到基础,回到设计的颜色,形式、质感等基础原理上。这也是很多设计为什么开始推崇包豪斯设计,设计师将其重新发明为抽象的几何形式。这也激励着我们在之后的生活中要勇敢打破规则,打破惯例和习惯,开拓创新。

图1-5-7 包豪斯及其设计作品

(4)除了艺术与设计知识技能外,自然与社会学科知识技能则是设计师的"另一只手"。设计的发展需要越来越多不同学科的支持,设计师不可能"一把抓,一把熟",但也不能不掌握一些与设计密切相关的科技与社会学知识技能,例如自然学科的物理学、材料学、人机工程学、人类行动学、生态学和仿生学等,以及社会学科的经济学、市场营销学、消费心理学、传播学、管理学、经济学、思维学和创造学等。

(5)设计的本质是创造,设计创造始于设计师的创造性设计思维,因而设计师应对思维科学,特别是对创造性思维有一定的领悟和把握。设计师通过把握创造思维的形式、特征表现与训练方法,进行科学的思维训练,养成创新的思维习惯,并贯彻于具体的设计实践中,突破固有的思维模式,提高设计师的创新构思能力,以此培养设计师的设计创新意识,走出一味模仿、了无创意的泥潭。

(6)设计从最初的动机到最后价值的实现,往往离不开经济的因素。设计的这种经济特质决定了设计师必须具备一定的经济知识,尤其是市场营销知识。设计的最终价值必须通过消费才能实现,设计师应了解消费者的需求,掌握消费者的心理,理解消费的文化,预测消费的趋势,从而使设计适应消费,进而引导消费,实现设计的经济价值与社会价值。

由于设计的实用特征和社会特征,其消费者往往表现为集团性,即消费者分为若干个文化群体,每个文化群体表现出不同的消费倾向。作为现代设计必要手段的市场研究,正是通过对消费者的分类，对集团批评者的具体分析，为设计定位提供必需的背景资料。

近几年，随着消费者科学育儿意识的提高和对孩子成长质量要求的提升，玩具行业正经历着前所未有的变革与飞跃。在家庭经济条件普遍改善的背景下，家长们不仅关注玩具的娱乐性，更加重视其教育性、安全性及促进儿童身心全面发展的功能性。益智品类主要包括早教玩具、手工DIY、文具等多个子行业。早教玩具是益智品类主要产品之一，文具和幼儿学步产品增速较快。自2023年6月至2024年5月为分析时间窗口看，益智品类和玩具品类占据玩具行业的主要市场份额，其中，益智品类占据54%的市场份额，高规模，高增长。

相关的智能产品如下：

功能性产品：如儿童鞋和手环等；

通信类产品：如手表等；

教育类产品：如故事机和点读笔等；

健康类产品：如智能牙刷和助眠灯等；

智能玩具：如会说话的机器人。

以儿童智能手表为例，这个行业主要有三大类商家，以出门问问、搜狗为代表的科技巨头，以TCL、海尔为代表的传统硬件大厂，还有一些山寨白牌商家甚至微商。其中，山寨白牌商家最多，毕竟智能手表的进入门槛低，这些商家一进入市场就掀起价格战，在淘宝输入"儿童智能手表"，价格最低仅为53元，十分夸张。尽管儿童智能硬件市场前景火爆，但同样乱象纷呈，产品质量良莠不齐。市场上存在大量无品牌产品、生产标准缺失等行业乱象，另一个方面，微商等势力开始乱入儿童智能硬件行业，出现各种山寨产品，虽然价格低廉，但是严重威胁到孩子的人身安全。如表1-5-1所示为儿童智能早教类投影仪竞品分析，通过分析现有市面上的产品，相互比较得到创意点。

表1-5-1 儿童智能早教类投影仪竞品分析

项目	名称	主要功能	价格
	故事光儿童早教投影仪	科教学习故事投影（设置特有故事模块） 音乐播放器 国学机（亲子互动闯关游戏） 辅助绘画（绘画轮廓投影至纸面）	2 699元
	多功能故事投影灯	故事+入睡灯+夜灯+星空 设定特定主题故事，插入故事胶片进行投影，附加实体故事册 三种模式：故事投影、小夜灯、星空投影	99元

续表

项目	名称	主要功能	价格
	极米儿童投影	故事+游戏 视力防护体系 内容资源由儿童平台方提供，动画+故事+语音 整合部分家长实用功能（具有验证环节） 与家长手机进行绑定实行微信对讲	899 元
	朵拉儿童智能投影仪	动画播放、早教课程、游戏、讲故事 辅助绘画（绘画轮廓投影至纸面）	2 099 元

最终定义的设计消费者为：父母。第一类：已育但无学前期子女的人士，主要从主观感受出发，结合自己对其他儿童情况的了解或学习，产生一定的产品定位。第二类：已育携学前期儿童的人士，根据自己孩子将来会面对的学业来选择一定的幼教产品，一般在选购的产品上会明显看到有以小学学科分类的产品，如算盘、数独游戏等。第三类：年龄较小的未婚人士，明显带有个人喜好、色彩、主题等，选购产品时会注意品牌、系列性、新鲜感等，但对于产品功能、目的、训练手段并没有一个相对清晰的考究。

用户画像如图 1-5-8 所示。

姓名：张小丽

性别：女

年龄：35 岁

职业：公司经理

性格：认真，干练

图 1-5-8　用户画像

张小丽有一个在上幼儿园的孩子,她平时工作比较忙,经常出差,一般不在家会把孩子交给父母带,一般出差后时常三五天见不到孩子,所以在平日有时间都会尽量和孩子交流。喜欢和孩子一起做手工,给孩子讲故事,也会很耐心地听孩子表达自己的想法,和孩子一起交流。在生活和工作之间尽量做到平衡。关注点:忙于工作,有空会抽时间关注孩子,注重与孩子的交流方式,比较关注孩子教育方面的问题。

(7) 设计不只是设计师的个人行为,也是设计师的社会行为,是为社会服务的。设计师必须注重社会伦理道德,树立高度的社会责任感。同时,设计还受到国家法律、法规的保护与约束。因此,设计师必须对部分法律、法规,尤其是与设计紧密相关的专利法、合同法、商标法、广告法、规划法、环境保护法和标准化规定等有相应的了解并切实地遵守。既要维护自己的权益,也要避免侵害他人与社会的利益,使设计更好地为社会服务。

(8) 设计是设计师的实践行为,不能停留在空间的理论上,也不能一个人闭门造车。设计师除了要有艺术设计实践技能和科技应用实践技能以外,还需要有较强的社会实践技能,包括较强的组织能力,善于处理各种公共关系的能力等。

(9) 设计师个人知识技能的不足可以通用与其他设计师、艺术家、管理者、会计师、工程师等各方面专家的合作得以弥补。组织协作能力是设计师重要的社会技能,成功的设计师都是成功的合作者。设计师所有的知识技能不是静止不变的,而是随着时代的进步而不断发展变化着的。设计师应善于发现和接受新事物,及时将其纳入自己的知识范围,不断提高自己的技能水平,这样才能随着时代的进步不断有新的设计创造。

(10) 设计师必须善于边学边用,边用边学,将零散的知识汇聚成系统的知识,将实践经验提高到理论认识的高度。对于设计师的学习研究的热情和能力,是一个人成为设计师的关键,没有这种热情与能力,其他所有知识技能都是无源之水、无本之木。学习设计,本身也是一种设计,需要有正确的学习方法、目标与步骤,更需要付出大量的时间、精力与汗水。设计师在"两手抓,两手都要硬"的同时,也应将目光投向广阔的前方,因为设计的发展是没有止境的,设计师的学习探索也是没有止境的。例如现在流行的新兴概念元宇宙、四维设计师等,如图1-5-9所示。

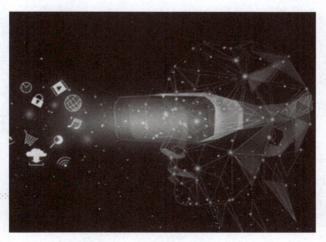

图1-5-9　元宇宙设计作品

元宇宙（Metaverse），钱学森命名为灵境，是指人类运用数字技术构建的，由现实世界映射或超越现实世界，可与现实世界交互的虚拟世界，具备新型社会体系的数字生活空间。创意人员利用 WebAR 进行虚拟试穿、化身配件、数字双胞胎、互动时刻、游戏和 NFT 可穿戴设备多种应用开发。

三、四维设计师就是通过设计手法，把时间融入设计

（1）塑造一个瞬间性的场景来凝固时间。
（2）尊重时间的不确定性和可塑性，设计可生长的设计，让设计成为时间的画布。
（3）新旧结合，强调不同时代的差异，突出时间的跨度。
（4）让设计让位于自然，谦虚地面向自然。

增材制造技术背后的增材思维是一场设计的革命，它完全打开了设计枷锁，DFM（制造）、DFA（装配）等基于减材制造的传统设计方法少有用武之地，设计人员可以真正回归用户需求，进行面向功能的设计（DFF）或面向增材制造的设计（DFAM），按照价值、功能和能量的观点，使设计与工艺、设计与制造之间不再是因果与顺序关系，而是互为激励的活系统，以效仿自然的方式实现大型/超大型构件或结构系统、复杂/超复杂构件或结构系统、多品种小批量个性化产品的低成本创新设计和快速制造，乃至创造超常结构实现超常功能。面向增材制造设计的基础是建立增材思维，正向设计、物尽其用、创新意识成为增材设计的核心要素，同时，聚焦增材优势、综合评估决策，不为增材而增材，也是增材思维的重要理念。

单元小结与评价

在学生完成本单元学习的整个过程中，教师通过讲述相关知识点，讲解案例，使学生掌握增材思维的途径。

教师检查，同学们自查和互查，完成考核评价表。

姓名		组别	
单元考核点		得分	备注得分点
培养课前自主搜索增材制造创意作品的能力			
对增材思维的理解与应用			
扩宽快速得到创新产品的思路			

学习单元 2　增材产品模型创新设计方法

单元引导

（1）创新思维常见的方法有_____、_____、_____、_____。
（2）系统综合分析法的四个阶段是_____、_____、_____、_____。

知识链接

增材思维是一场回归设计本质、打破思维定式、释放设计自由度和激发创造力的革命；这场革命不仅是制造的革命，更是设计的革命，针对的不仅仅是产品研发设计人员，更是全体民众。因此，设计师需要掌握常见的创新设计方法，创造出具有中国特色和前瞻性的产品，实现中国制造业转型升级的换道超车。

一、创新思维的常见方法

从传统思维方式转换到创造性思维方式，是一个漫长的过程，训练创新思维有助于设计灵感的产生。创新思维是一种高级思维，有其鲜明的特征。将这种思维与具体设计结合起来，并通过刻苦训练，就能获得创造能力。创新思维的常见形式：形象思维、抽象思维、发散思维、收敛思维、逆向思维、联想思维（相关联想、相似联想、对比联想）、直觉思维。

二、产品的创新方法

产品设计本身就是提出欲望并解决难题的设计，其方法就是解决产品设计生产过程中生成的一系列问题的思维方式和手段。产品的创新方法很多，常见的有以下几种：

1. 移植设计

移植设计类同于模仿设计，但不是简单的模仿。移植设计是沿用已有的技术成果，进行新的目的要求下的移植、创造，是移花接木之术。移植可进行原理移植、功能移植、结构移植、材料移植、工艺移植等。移植并非简单的模仿，最终的目的还在于创新。在具体实施中要将事物中最独特、最新奇和最有价值的部分移植到其他事物中去。

如图 1-5-10 所示，中国传统元素是东方文化的宝贵财富，更是其他艺术形式难以替代的，许多为世界所认同的优秀作品都具有鲜明的民族特色和文化内涵，因此，将传统元素提炼出来移植到产品设计中是最为重要的发展方向之一。传统元素已不单单是产品的一个要素，它自身更是一种符号的象征，是文化的象征。将这些符号运用于新的产品，从某一方面看就是一种文化的传承。传承元素中运用最多的就是传统纹饰。在中国传统文化中，传统纹饰通常来源于自然，来源于生活，因此，蕴含着无穷的寓意，将传统的纹样、色彩、形态、材质等直接运用于现代产品中，体现古典效果，反映文化移植。

图 1-5-10 产品传统元素

产品传统元素再设计的方法——直接运用；加以提炼；赋予新质。

1）直接运用案例

如图 1-5-11 所示，北京 2008 年奥运会火炬炬身上的图案为祥云。祥云在中国传统文化中是具有典型代表性的文化符号，代表着"渊源共生，和谐共融"，传达宽容豁达的东方精神。在火炬上运用祥云纹饰，呼应奥林匹克精神，借祥云之势，传播祥和文化，将祥和传播至世界各地。火炬整体造型高雅华贵，内涵厚重。

图 1-5-11 奥运火炬

设计师以太极两仪为原型，将中国传统文化元素加入设计概念中，并利用传统的编制方法，产品时尚独特的造型令人叹为观止，拍案叫绝，是不可多得的个性产品，如图 1-5-12 所示。

图 1-5-12 创意产品

2）加以提炼案例

中国传统元素大多蕴含深刻的含义，最经典的就是清朝的纹饰，"图必有意，意必吉祥"。因此，中国传统元素大多以纹路繁复、鲜明靓丽为特点。但现代社会的快节奏导致人心浮躁，人们更欣赏现代产品简约的情趣。因此，单纯地复制传统已无法满足现代人的需求，为了使传统元素富有时代气息，更好地为现代人所接受，就必须将之以现代手法进行表现、传达。

如图1-5-13所示，苏州博物馆在这方面是很好的典范。博物馆的建筑格调是"将传统的原理空间与现代的建筑语言相结合"，使博物馆既与古城古朴的环境相融合，延续中国传统院落的空间精神，又不失自身特色和现代气息。

图1-5-13 苏州博物馆

玉是中国传统文化的代表，中国人以玉比德，从古至今都有佩玉的习惯。将玉这个具有中国特色的元素融合到产品造型设计中是别出心裁的设计手法。如图1-5-14所示，北京2008年奥运会奖牌背面镶嵌着取自中国古代龙纹玉璧造型的玉璧，背面正中的金属图形上镌刻着北京奥运会会徽。人们形象地叫他金（银、铜）镶玉奖牌。北京奥运会奖牌的中国特色浓厚，艺术风格尊贵典雅，其和谐地将中国文化与奥林匹克精神结合在一起。以其赠奥运成绩优胜者，是一种崇高的荣誉和礼赞。

图1-5-14 奥运奖牌

如图1-5-15所示，这款时钟的设计灵感来源于汉族传统建筑中最重要的构成要素之一——窗棂，窗棂文化也是历史文化的组成部分，窗棂上雕刻有线槽和各种花纹，构成种类繁多的优美图案。透过窗子，可以看到外面的不同景观，好似镶在框中挂在墙上的一幅画。这款设计就将传统窗棂元素与现代时钟完美结合，体现产品设计的简洁雅致美。

图1-5-15 创意时钟

3）赋予新质案例

将传统的形态以新的材质、新的色彩加以表现，并且赋予新的功能，满足现代人的使用要求。如图1-5-16所示，此款茶几和座椅腿的弯曲角度以及座椅背板的形态来源于中国传统元素——刀币，利用木材自身的材质美感和传统手工艺的巧妙结合，展现出整体家具造型风格的简约、大气。茶几与坐具的造型相互呼应、和谐统一，体现人们追求自然、怀旧的情怀。同时在细节方面，整套茶几坐具注重人机工程，体现人性化特征。

图1-5-16　创意茶几

2. 功能模拟法

在建立模型时，如果不考察客体的内部结构和材质的特点，只考察客体的功能行为特性，只以功能行为的相似性为基础建立模型，并用这种功能模型来模仿和代替客体原形的功能和行为的方法，就是功能模拟法。

3. 发散思维

针对所给信息而产生的问题，求该问题的尽量多的各式各样的可能解，这种思维过程称为发散思维，或辐散思维、求异思维。互联网让全世界的各种知识瞬间可得，为人们提供极大的帮助。但是这种便捷的获取方式往往局限了我们的思维方式，多尝试诸如"……会怎么样"或者"如何能够……"之类的思维方式。

4. 稽核问题表法

该法是一种激励创造心理活动的方法。其特点是：主体参照稽核问题表中提出的一系列问题，探求自己需要解决问题的新观念，创造性地解决问题。

该法可分为两类：一是问题分析表，表中罗列出具体的问题要点和注意事项，给人们指出解决问题和寻求新观念的一般方向；二是可能的答案表，表中列出可能解决问题的各种设想、方案，并逐一进行核对。

奥斯本的稽核问题表法，有广泛的使用价值，故列出来供考虑。原表中共有75个问题，现加以归并，列出9组：（1）有无其他用途？（2）可否借助其他领域模型的启发？（3）能否扩大、附加、增加？（4）可否缩小、去掉、减少？（5）能否改变？（6）可否代替？（7）可否变换位置？（8）能否颠倒？（9）能否重组？

如图1-5-17所示，无线蓝牙耳机，去掉耳机线，使听音乐变得更加方便；戴森无叶风扇，利用空气倍增技术吸纳空气和扩大它。由于没有转动叶片或网格外罩，安静、安全并易于清洁。

图 1-5-17 稽核问题表法创意作品

5. 焦点法

其特点是以所要解决的问题为焦点对象，把 3~4 个偶然选到的对象的各种特征与焦点对象进行强制组合，从中引发新的观念，并通过自由联想把新观念具体化。该法的理论基础是联想。例如有一款刮胡刀只有信用卡大小，非常适合外出使用。

6. KJ 法

KJ 分析法又叫亲和图法，为日本川喜田二郎所创。它是将收集到的资料和信息，根据它们之间的相近性分类综合分析的一种方法，是一种创造性解决问题的方法，又称为卡片法。如图 1-5-18 所示，将搜集的大量素材逐一地、言简意赅地记在卡片上，然后把这些卡片以某种基准（关系、特征、性质等）进行调整、编组、结构化，使之产生新观念。

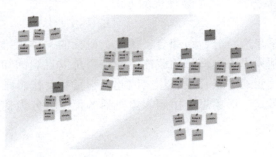

图 1-5-18 卡片分析法

7. 模型法

以某种程度的相似再现另一个系统（原物）的系统，在认识过程中以它代替那个原物，从对它的研究中得到被再现和被反映的系统（原物）的信息，这种方法称为模型法。

8. NBS 法

NBS 法是创造学的一种方法，是日本放送协会（NHK）提出的，故亦名 NHK 智力激励法。该法也是奥斯本的智力激励法（MBS 法）与 KJ 法的结合，但其与 MBS 法的不同之处是：限定参会者提意见的数量，在较短的时间（2~3 h）内达到解决问题的目的。

9. 缺点列举法

缺点列举法是一种通过发散思维，发现和挖掘事物的缺点，并把它的缺点一个一个列举出来，然后再通过分析，找出其主要缺点，据此提出克服缺点的课题或方案的创造性思维。

例如穿着普通的套鞋在泥泞的地上行走容易滑倒,这是因为鞋底的花纹太浅,烂泥嵌入花纹缝内,使鞋底变得光滑,容易滑倒。针对花纹浅的缺点,将鞋底花纹改成一个个突出的小圆柱,创造了一种新的防滑靴。

运用缺点列举法时可以采用扩散思维的方法,例如可以以钢笔为主题,列出它的缺点和不足之处,如易漏水、不能写出几种颜色、出水不流畅、灌墨水不方便等;然后挑出主要的缺点,逐个研究考虑切合实际的改革方案。

缺点列举法是一种简单有效的创造发明方法,因为现实世界中每一件技术成果都是未完成的发明,只要你仔细地看,认真地想,总能找出它不完善的地方。只要时时留意自己日常使用和接触的物品的不足之处,多听听别人对某种物品的反映,那么发明课题是无穷无尽的。

运用缺点列举法,第一步先找出事物的缺点;第二步分析缺点产生的原因;第三步针对缺点产生的原因,有的放矢地提出解决的方法。

10. 系统综合分析法

系统综合分析法是日本东大教授川英夫提出的一种创造方法。其特点是先综合后分析。该法基本过程包括4个阶段:

(1) 列出有关某个课题的各种因素、知识和信息。
(2) 将这些因素、知识和信息编组,形成各种方案。
(3) 对各种方案进行评价。
(4) 根据评价结果选择一两个最理想的方案。

11. 形象思维

形象思维是用表象来进行分析、综合、抽象、概括的一种思维形式。其特点是,它不以实际操作、抽象要领为思维中信息的载体,而主要是以直观的知觉形象、记忆的表象为载体来进行思维加工、变换、组合或表达。因此,它是和动作思维与逻辑思维不同的一种相对独立的特殊思维形式。形象思维按照表象概括的程度可分为初级水平的形象思维与高级水平的形象思维。

12. 功能组合法

将不同产品的功能有机地组合在一起,形成多功能的新产品。如图1-5-19所示,这款多功能行李箱,在旅行过程中行人感到劳累时,可以将其改装成小车进行使用,减少步行的劳累。

图1-5-19 多功能行李箱

13. 仿生设计

仿生学的设计一般是先从生物的现存形态受到启发，在原理方面进行深入研究，在理解的基础上再应用于产品某部分的结构与形态。形态仿生设计的方法：第一步，选择模仿对象；第二步，分析生物形态与提取结构特征；第三步，形态特征的简化处理；第四步，设计应用。

如图 1-5-20 所示，设计师克拉尼的贝壳沙发，具体的形态仿生设计步骤如下：

（1）利用自然场景，借助海螺的造型，呈现自然形态的秩序和形态美感，解释自然物是形态仿生的灵感来源。

（2）通过对海螺造型的结构提炼，呈现斐波那契数列，体现自然物的形态美和结构的秩序美。

（3）通过以海螺造型为原型所设计的产品形态，揭示自然形态仿生的特点。

（4）解释形态仿生的国际地位及魅力，以及其可应用的领域。

图 1-5-20　贝壳沙发仿生设计

单元小结与评价

在学生完成本单元学习的整个过程中，教师讲授与案例分析相结合，带领学生一起走进创意大师的设计，增长见识。

教师检查，同学们自查和互查，完成考核评价表。

姓名		组别	
单元考核点		得分	备注得分点
课前对增材制造创意方法的查阅情况			
对创意方法的理解，提升学生的能力与素养			
3D 打印设计中国化的思考，厚植爱国情怀			

学习单元 3　增材制造背景下产品结构创新设计思路

单元引导

（1）增材制造技术中的有限元分析是指＿＿＿＿＿＿＿＿＿＿＿＿＿＿＿＿＿。
（2）拓扑结构的含义是＿＿＿＿＿、＿＿＿＿＿、＿＿＿＿＿。

知识链接

　　增材制造代表了制备工艺发展的新阶段，从通过锻造或切削来制造产品过渡到通过增加材料来制造产品。相比传统制造技术，增材制造最明显的优势是能够制备结构复杂的构件，尤其是复杂内部结构的构件。增材制造的另一个优点是节省材料，尤其适用贵金属的加工制备。此外，增材制造还具有其他的独特优势，能制备成分不一样的梯度材料。

　　增材制造特有的逐点逐层制造方式，配合自带的数字化基因，实现了材料微观组织可控、结构宏观性能可调、制造工艺全过程可监控、产品质量全寿命可追溯。增材制造与传统制备工艺相比，从构件生产"减法"到"加法"的颠覆性改变，使其制备工艺产生了许多新变量，从而影响最终产品性能，真正意义上实现了"设计引导制造、功能先于设计"的转变，为制造业技术创新、产业结构升级与发展开辟了巨大空间。增材制造实现了复杂结构的制造可行性，激活了一大批新兴的设计方法，如有限元分析、拓扑优化、蜂窝/多孔结构等，如图1-5-21所示。

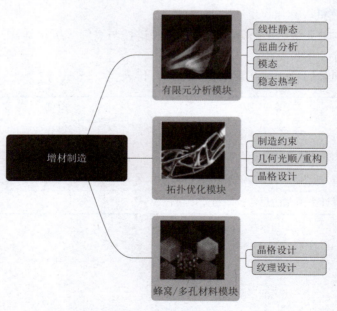

图1-5-21　增材制造结构创新设计

一、有限元分析创新结构设计

有限元分析是一种广泛应用于工程领域的数值计算方法，它通过将复杂的连续体结构离散化成小的有限元单元，利用数值方法求解结构的力学行为，从而评估结构的性能和安全性。有限元分析的意义和作用包含结构设计与优化、强度与稳定性分析、动力响应分析、疲劳分析与寿命评估、材料特性与参数优化等方面。

先进制造工艺的快速发展使超材料晶格结构的制造成为可能。有限元分析在使用晶格结构的实际几何形状时，以比较真实几何体和标称 CAD 几何体中的应力状态，从而定性地将数值结果与实验疲劳数据相关联。通过对试样进行显微 CT 扫描获得了打印完成的实际几何结构，以此对支柱连接处的应力分布进行的有限元分析表明，模型中的应力集中程度较高；然而，模拟值仍然低于实验中预期的应力集中程度。晶格结构可以设计或定制，以实现特定的结构功能和性能要求。它们具有比表面积大、质量小、重复结构规则、孔隙连通性好等优点，因而具有很高的应用价值。

3D 打印可以对点阵材料的微结构甚至多尺度结构进行全面而精确的控制。然而，缺陷和不完善是不能完全消除的。由于晶格表面的均匀化和提高其结构延性的可能性，对其进行特殊的后热处理可以显著提高疲劳寿命。有限元分析创新结构设计作品如图 1-5-22 所示。

图 1-5-22　有限元分析创新结构设计作品

二、拓扑优化创新结构设计

工程师在设计飞机和空间应用中的轻量化结构部件时有很大的自由度，因此使用能够开发自由度的方法很有意义。拓扑优化是在早期设计阶段普遍使用的方法。拓扑优化方法通常需要进行正则化和特殊的插值函数才能获得有意义的设计。

拓扑优化基于已知的设计空间和工况条件以及设计约束，考虑工艺约束，如增材制造的悬垂角，确定刚度最大、质量最小的设计方案。它通过计算材料内最佳的传力路径，通过优化单元密度确定可以挖除的材料，最终的优化结果为密度分布：0（完全去除）~1（完全保留）。拓扑优化革新了传统的功能驱动的经验设计模式，实现了以产品性能为驱动的设计，成为真正的正向设计模式。拓扑优化的成熟产品比较多，如 ANSYS Topology、Genesis、OptiStruct、SolidThinking、Tosca 等。随着 3D 打印对拓扑优化工具需求的发展，市场上还出现了基于云的拓扑优化软件，如 ParaMatters 的 CogniCAD 和 Frustum 的 Generate。

拓扑优化目前已广泛应用于航空航天、机械、建筑等领域，许多由拓扑优化得到的结构既美观又实用，拓扑优化结合增材制造工艺可谓给结构设计带来了一场新的变革。

如图 1-5-23 所示为拓扑优化创新结构设计作品。

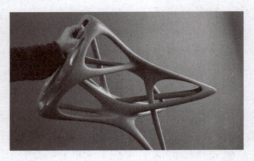

图 1-5-23　拓扑优化创新结构设计作品

三、蜂窝/多孔材料创新设计

开孔蜂窝结构以不同的形式存在于自然界中，如今，塑料、金属和陶瓷等多孔材料已在工业化生产中发挥作用。这些结构在高温下具有出色的性能，在恶劣环境下（酸性、碱性或氧化性）表现出稳定性以及出色的热机械性能（抗热震性）。由于其多孔性质，它们具有更高表面积和渗透性的流体相，因此适合应用在催化、太阳能收集、储热、热交换、辐射燃烧器等领域。这些材料类似随机泡沫，在过去几十年中发现了许多工业应用，但规则的蜂窝结构对通过增材制造成为可能的制造结构具有更高程度的控制。如图 1-5-24 所示为蜂窝/多孔材料创新设计作品。

图 1-5-24　蜂窝/多孔材料创新设计作品

3D 打印在实现结构一体化和蜂窝状结构方面具备优势。研究发现，航空航天领域，赛峰开发了带蜂窝结构的 3D 打印离心脱气器，通过 3D 打印，可以方便实现在径向上和在轴向上改变蜂窝结构的纹理和孔隙率，同时腔室和小齿轮形成单一件。

四、增材制造模型设计职业技能等级证书标准

1+X 证书是由教育部和人力资源社会保障部联合发布的国家职业资格证书。增材制造模型设计职业技能等级证书是增材制造 1+X 证书中的一种。

职业技能等级证书以社会需求、企业岗位（群）需求和职业技能等级标准为依据，对学习者职业技能进行综合评价，如实反映学习者职业技术能力，证书分为初级、中级和高

级。培训评价组织按照相关规范，联合行业、企业和院校等，依据国家职业标准，借鉴国际国内先进标准，体现新技术、新工艺、新规范、新要求等，开发有关职业技能等级标准。职业技能等级证书是毕业生、社会成员职业技能水平的凭证，反映职业活动和个人职业生涯发展所需要的综合能力。

增材制造模型设计职业技能等级分为初级、中级和高级三个等级，三个等级依次递进，高级别涵盖低级别技能要求，其中，高职类院校一般对应的是中级技能等级。

单元小结与评价

在学生完成本单元学习的整个过程中，教师带领学生认识了创新结构，本单元可以结合设计软件，使学生更直观地了解参数化结构设计。

教师检查，同学们自查和互查，完成考核评价表。

姓名		组别	
单元考核点		得分	备注得分点
课前增材制造创意结构的查阅情况			
对拓扑、有限元的理解，构建认知框架			
影响设计模块的因素分析，提升学生分析能力			

学习单元 4　创意作品设计

单元引导

（1）增材制造设计的产品可以体现在哪些方面？
（2）生活中有哪些创意作品？

知识链接

"科技需要创新，生活需要创意"，优秀的增材设计产品或者创新创意作品，不但能够让我们对产品有新的认识，还能从中感受到一些新鲜的概念，增添生活的色彩。

一、生活创意类产品

如图 1-5-25 所示，海外 3D 打印设计师 Natalie Cheesmond 根据不同耗材特性，长久以来探索着 3D 打印应用的艺术边界，在造型+彩虹色的表现下，花瓶像自然植物般，充满着生气，仿佛多了份生命力。

图 1-5-25　创意 3D 灯具设计

如图 1-5-26 所示，由荷兰设计师 Dirk Vander Kooij 设计，将工业用的机械臂加上 3D 打印功能，然后利用这个机械臂 3D 打印不同家具。这个机械臂 3 h 内便能完成制造一张椅子，比一般的 3D 打印机快 40 倍。

图 1-5-26　创意 3D 桌子设计

如图 1-5-27 所示，这张有机体外形的 3D 打印椅子 Batoidea，由比利时设计师 Peter Donders 设计，整张椅子用铝金属 3D 打印技术制作，外形十分轻巧但十分坚硬。如果是用传统的铸造方式制造，将会遇到很多技术困难且造价十分昂贵。

图 1-5-27　创意 3D 椅子设计

如图 1-5-28 所示，这盏 3D 打印像莲花的灯饰是由 Patrick Jouin 设计。其营造不同的灯光效果，可为室内环境带来不同的气氛。这盏灯另外一个特别之处是一整个都是由 3D 打印出来，不需要任何后期的装配。

图 1-5-28　创意 3D 灯具设计

二、医疗创意类产品

尽管与 3D 打印并行的医学研究不会消失，但不可否认 3D 打印在医学上的实践正在为患者和医疗行业作贡献。如图 1-5-29 所示，针对那些无力负担传统方法制作假肢的人，现在可以拥有假肢，借助 3D 打印，可以精确制造假肢，而且成本也较低。

图 1-5-29　创意医疗 3D 产品设计

用于研究的医学模型对于进行测试和得出结论非常重要。在新型冠状病毒肺炎的治疗过程中，湖南郴州市的医院打印出感染新型冠状病毒肺炎患者的肺部模型用于医护人员的科学研究，如图 1-5-30 所示。

来自再生医学研究所的教授 James Yoo 开发了一种 3D 打印机，该打印机可以将皮肤直接一层一层地沉积到烧伤受害者的伤口上，如图 1-5-31 所示。打印机首先扫描伤口的严重程度，以评估覆盖该伤口所需的皮肤层数，然后制造适当数量的皮肤层以覆盖伤口。相比传统治疗烧伤的方法植皮，可以大大减轻患者的治疗痛苦。

图 1-5-30　创意医疗 3D 打印产品（一）　　图 1-5-31　创意医疗 3D 打印产品（二）

三、建筑创意类产品

3D 打印建筑技术促进工程建设行业与制造行业融合。如果 3D 打印建筑技术能够普及，预计打印机器的造价在 10 万~15 万美元，一般的小型建筑公司完全能够负担得起。只要有计算机和 3D 打印机，即便是在没有建造团队的地方也能大批量生产房子。这种新型的生产方式是"社会化制造"，如得到广泛的运用，那么人人都可能成为"建造者"。

与传统建筑建造方式相比，3D 打印技术具有如下优势：

（1）结构整体成型，建筑整体性、安全性和耐久性大幅增强。

（2）根据使用者的实际需求量身定制。

（3）高精度且适用于复杂形体的建造。

（4）不需要模板，大量节省现场人员。

（5）适应恶劣环境的无人、少人建造。

（6）建造速度快。

（7）局部增材处理。

增材制造技术在建筑领域的应用目前可分为两方面：建筑设计阶段和工程施工阶段。在建筑设计阶段，主要是制作建筑模型；在工程施工阶段，主要是利用增材制造技术直接建造出建筑。在建筑设计阶段，设计师们利用增材制造技术迅速还原各种设计模型，辅助完善初始设计的方案论证，这为充分发挥建筑师不拘一格、无与伦比的想象力提供了广阔的平台。这种方法既具有快速、环保、成本低、模型制作精美等特点，同时也能更好地满足个性化、定制化的市场需求。在工程施工阶段，增材制造技术不仅仅是一种全新的建筑方式，更可能是一种颠覆传统的建筑模式。与传统建筑技术相比，增材制造建筑的优势主要体现在以下方面：更快的建造速度，更高的建筑效率；不再需要使用模板，可以大幅节约成本；更加绿色环保，减少建筑垃圾和建筑粉尘，降低噪声污染；节省建筑工人数量，降低工人的劳动强度；节省建筑材料的同时，内部结构还可以根据需求运用声学、力学等原理做到最优化；可以给建筑设计师更广阔的设计空间，突破现行的设计理念，设计建造出传统建筑技术无法完成的形状复杂的建筑。

如图 1-5-32 所示，由清华大学（建筑学院）——中南置地数字建筑研究中心徐卫国教授团队设计研发，并与上海智慧湾投资管理有限公司共同建造的世界最大规模 3D 打印混凝土桥，于 2019 年 1 月 12 日在蕰川路智慧湾科创园落成。该桥外形参仿赵州桥，全长 26.3 m，拱长 14.4 m，宽 3.6 m，横跨园区景观鱼池。采用桥梁部件 3D 打印混凝土技术打印+装配式技术拼装的方式实现。

图 1-5-32　3D 打印混凝土桥

2014 年苏州的盈创公司使用一台巨大的 3D 打印机，采用特殊的"油墨"进行增材制造，用 24 h 建造了 10 栋占地 200 m² 的毛坯房，如图 1-5-33 所示，该建筑展示了增材制造技术在建筑行业的强大功能，它可以在生产过程中降低 30%～70% 的能耗，节约人工成本，缩短工期，也使建筑施工变得干净、紧凑、环保。

图 1-5-33　3D 打印毛坯房

四、学生创意类作品

"创客空间"出自 Make Magazine，英文是 HackerSpace，所以直译过来是黑客空间。为了避免歧义，国内普遍翻译为创客空间。它是一个实体（相对于线上虚拟）空间，在这里的人们有相同的兴趣，一般是在科学、技术、数码或电子艺术等方面，人们在这里聚会、活动与合作。如图 1-5-34 所示，创客空间可以看作是开放交流的实验室、工作室及机械加工室，这里的人们有着不同的经验和技能，可以聚会来共享资料和知识，制作/创作他们想要的东西。

图 1-5-34　创客空间

创客运动正在全球范围蓬勃兴起，其核心内涵强调要将想法变成现实的过程。时任国务院总理李克强在 2015 年年初探访了深圳的柴火创客空间后，从城市到社区，从高校到中小学，都涌现出更多设立创客空间的信息。

2015 年 4 月 24 日至 27 日，清华大学 i. Center（众创空间）组织和承办了"创客教育基地联盟成立暨创客教育生态系统构建高端论坛"。在"大众创业、万众创新"的时代背景下，40 余所高校、10 余家企业共同发起成立创客教育基地联盟。实践教学基地完善的硬件设施为全校学生提供了一般创客空间无法比拟的制造加工场所，这些工业级的加工设备及相关技术的支持让学生创客可以提前接触到高水平的制造技术。成立至今，清华创客空间已举办超过 100 场活动，如图 1-5-35 所示，参与人次包含大人和小孩，人次超过 4 000，覆盖了校内及校外的人群。

如图 1-5-36 所示，2013 年 12 月，西南交通大学建立了中国西部第一家高校创客空间，将创客文化引入大学教育，鼓励青年将创意转为现实，为社会可持续发展贡献力量；2015 年，成立了"交大创客空间"二级虚体机构，同年被认证为首批国家级众创空间；2017 年 12 月，成为首批入选教育部中美青年创客交流中心单位的 16 所高校之一。

图 1-5-35　清华大学创客活动

图 1-5-36　西南交通大学的"交大创客空间"

学生以创客空间为平台，以各级各类大赛为指引，结合社会上的痛点，设计出很多创意作品，提升了学生的技能水平以及创新创业能力，如表 1-5-2 所示为烟台汽车工程职业学院 3D 动力创客空间学生创意作品案例。

表 1-5-2　烟台汽车工程职业学院 3D 动力创客空间学生创意作品案例

序号	作品名称	作品简介二维码
1	多功能清洁机器人	
2	多功能 GPS 定位急救报信装置	
3	全地貌运行、监控、搜救智能车	

如图1-5-37所示为儿童早教机UOU外观和内部结构，儿童在英语早教阶段主要突出的问题有学习自觉性不够强、注意力容易被周围的玩具转移、父母耐心有限、缺乏专业引导性。儿童在整个学习过程中，心态、认知和行为都是动态变化的，当情绪和认知受到影响时，如何及时调整以保持一个高效的学习效率是早教产品着重要解决的问题。当儿童在学习中遇到问题和阻碍时如何及时解决、当儿童情绪波动时采取什么办法可以快速平复，是否可以加入相关玩具的设计要素，通过外观变形是否可以提高吸引度，成为接下来早教产品在设计时应该考虑的问题。通过实际生活中的购物案例引入自然交互的概念，主要包括"感知"和"对话"两个核心功能。把现有的双语早教产品根据不同的主题和外形进行分类，掌握其中的规律进行产品设计，核心功能也以对儿童状态的感知为主，听取关键词指令和发出询问为辅进行设计。内部结构由电子元器件树莓派、语音识别传感器、摄像头传感器、麦克风传感器组成，外形则是由光固化3D打印得到，产品外表可以在无须准备任何模具、刀具和工装卡具下形成，光滑且上色效果好。

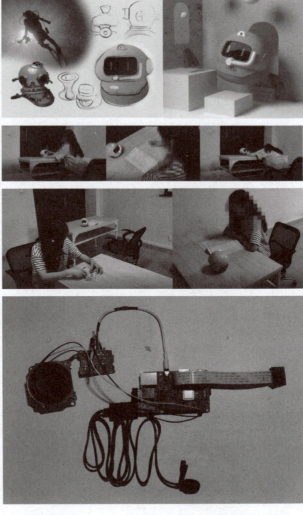

图1-5-37 儿童早教机UOU外观和内部结构

单元小结与评价

在学生完成本单元学习的整个过程中,教师可以指导学生以创客精神为指导,小组为单位,结合本单元所学的创意思维和方法,设计出一款产品。

教师检查,同学们自查和互查,完成考核评价表。

姓名		组别	
单元考核点		得分	备注得分点
课前增材制造相关比赛项目的查阅情况			
对增材制造技术创意作品的欣赏和理解			
结合增材制造技术,以小组为单位,设计一款创意作品			
创意作品的课堂汇报,提升学生的综合素养			

第二篇

实践篇

项目一　基于中望 3D 软件的校徽设计与 FDM 打印实施

项目导入

为加强对外宣传交流，校领导决定利用学校现有的技术，生产一批校徽，将它们摆放在橱窗展示柜或者赠送给来访者。经过论证分析，决定采用 3D 打印的形式进行生产。要求打印出来的校徽表面光滑平整，外形能够如实还原校徽 Logo。此项工作最终交由增材制造技术专业的学生，利用现有的 FDM 打印设备和 ABS 或 PLA 材料完成。

项目目标

知识目标

掌握中望 3D 软件的三维造型设计和装配设计技术。
掌握切片软件 Cura 的参数设置技术。
掌握产品测绘技术。

能力目标

能够使用中望 3D 软件开展三维模型创建。
能够利用切片软件 Cura 对产品进行参数设置。
使用打印机将所建三维模型进行打印成型且能够对打印产品进行后处理。

素养目标

培养学生创新意识及专创融合的能力。
培养学生良好的逻辑思维能力。

增材小课堂

"智能制造"需你助力

目前世界上主流的二维建模软件包括 AutoCAD、CAXA、中望 CAD 等，主流的三维建模软件包括 SolidWorks、CATIA、Creo、UG、中望 3D 等，主流的 CAE 软件包括 ANSYS、ADAMS、ABAQUS 等。这些软件大部分都是国外软件。我国在二维设计软件上有一定的积累，也占据了一定的市场份额，但是在更复杂的三维设计与分析软件领域仍然远远落后。这也成为我们一直致力于攻克的技术难题之一。为什么一定要有自主知识产权的建模和分析软件？这不仅关系到企业利润问题，更关系到国家安全问题。因此，开发具有自主知识产权的设计与分析软件，对国家安全具有极其重要的作用。

任务 1　校徽的设计与建模

任务引导

　　增材制造技术班学生成立项目小组，经过与负责老师的深入交流，明确了校徽 Logo 转三维模型的细节要求，分析了打印机精度，通过调整 3D 模型，确保打印出来的表面光滑平整。那么，为了顺利完成此项任务，我们首先要做哪些工作呢？

任务要求

（1）进行模型的测绘，生成模型的二维工程图纸。
（2）按图纸要求，完成建模和装配任务。
（3）记录在建模过程中出现的各种问题，并总结修正措施。
（4）完成工作总结。

任务目标

1. 知识目标

（1）掌握利用中望 2D 进行产品工程图纸的绘制方法。
（2）掌握中望 3D 实体特征创建及编辑方法。
（3）掌握中望 3D 装配方法和装配约束。

2. 技能目标

（1）会熟练运用草图工具绘制草图截面。
（2）会熟练使用拉伸、旋转、阵列和镜像特征。
（3）会熟练进行零件的装配。

3. 素质目标

（1）能独立思考，并根据零件图纸构建三维建模和装配设计的基本思路。
（2）能通过不同途径，获取完成任务所需要的信息。
（3）可以不断完善、优化工作流程。

任务咨询

一、中望 3D 三维建模常用命令介绍

　　中望 3D 是基于自主几何建模内核的国产三维 CAD/CAE/CAM 一体化解决方案，覆盖从概念设计到生产制造的产品开发全流程，广泛应用于机械、汽车、电子、电器、模具等行业。

主要功能特性：

（1）灵活顺畅，源于自主技术，基于自主研发 CAD 平台核心技术，独创内存管理机制，内存占用低，运行稳定顺畅；全面支持 VBA/LISP/ZRX/ZDS/.NET 接口，二次开发和移植扩展灵活高效。

（2）兼容 DWG、DXF 等图形格式，准确读取和保存数据内容。同时，设计师使用方法无须改变，即刻上手操作。

（3）简约、清晰、扁平化设计风格界面，支持 Ribbon 和经典两种界面，适用于新老用户。

（4）支持 Windows、Mac、Linux 系统，配合中望 CAD 派客云图实现跨平台设计办公，满足个性化需求。

（5）全面支持 Unicode，各种语言以及特殊字符准确显示，杜绝由于多语言环境导致文件不兼容、文字无法显示、显示乱码等情况的发生，确保图纸交流顺畅。

（6）在一张图形文件中可以设置多种打印方式，包括绘图仪、纸张大小、打印区域、打印样式（支持 CTB 和 STB）等；直接用软件自备的虚拟打印驱动将图形文件输出为 JPG、PNG、PDF 等图形文件。

（7）多段线和填充增加新夹点功能，进行图形修改时可以有更多夹点选择，操作简单实用。

（8）列表显示每一步命令的历史状态点，通过选取可以直接跳转到绘图的历史状态；同时，撤销和重做功能是无限制的，在图纸关闭前的任何一个操作都有记录，可随时调用。

（9）三维对象显示，除提供线框、消隐、着色等外，还新增渲染功能，能够为对象赋予材质和灯光，输出逼真的效果图，设计成果随时掌控。

下面，我们一起来学习中望 3D 三维建模常用命令。

1. 草图绘制

"草图"选项卡包括"绘图""圆弧""点""直线""矩形""预制文字""圆""椭圆""槽"等曲线绘制命令及"圆角""倒角""划线修剪""修改"等曲线编辑命令以及"添加约束""快速标注""角度""线性""半径/直径""对称"等曲线约束命令，如图 2-1-1 所示。

"草图"选项卡命令

图 2-1-1 "草图"选项卡命令
(a) 草图绘制命令；(b) 草图编辑及几何约束命令；(c) 草图尺寸约束命令

利用"草图"选项卡命令完成如图 2-1-2 所示草图的绘制。

草图绘制步骤

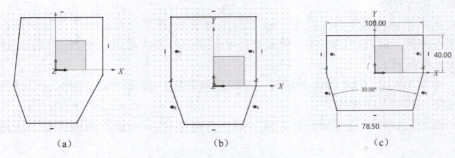

图 2-1-2　草图绘制步骤

（a）绘制草图轮廓；（b）添加几何约束；（c）添加尺寸约束

2. 创建特征

"特征"选项卡包括"六面体""拉伸""旋转""扫掠""放样""圆角""倒角""拔模""孔""筋""螺纹""唇缘""坯料""抽壳""加厚""分割""阵列几何体""镜像几何体""复制""缩放"等常用命令。

1）六面体

此命令包括六面体、圆柱体、圆锥体、球体、椭球体等特征的快速创建命令，如图 2-1-3 所示。

"六面体"命令

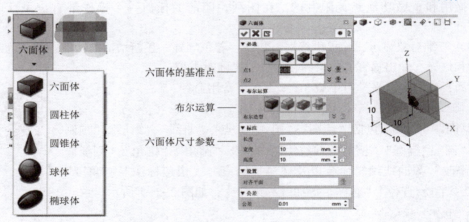

图 2-1-3　"六面体"命令对话框

2）拉伸

"拉伸"命令选择要拉伸的轮廓 P，或单击中键创建特征草图，然后指定拉伸特征的开始位置 S 和结束位置 E，即可拉伸出实体，如图 2-1-4 所示。"拉伸"命令对话框如图 2-1-5 所示。

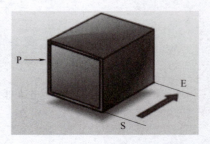

图 2-1-4　"拉伸"命令操作示意图

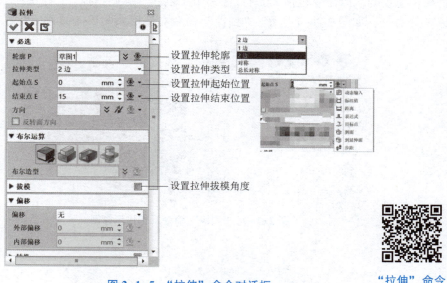

图 2-1-5 "拉伸"命令对话框

"拉伸"命令

3）旋转

"旋转"命令选择要旋转的轮廓 P 或单击中键创建特征草图。指定旋转轴 A，可选一条线，或单击右键显示额外的输入选项。指定旋转特征的起始角度 S 和结束角度 E，如图 2-1-6 所示。

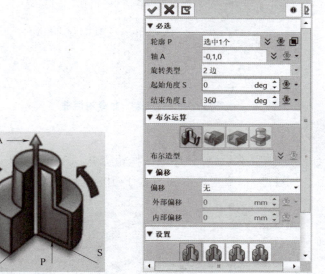

"旋转"命令

图 2-1-6 "旋转"命令操作示意图及命令对话框

4）扫掠

"扫掠"命令选择要扫掠的轮廓 P1 或单击中键创建草图特征，路径 P2 支持线框、边和草图几何体。通过单击鼠标右键，插入曲线列表，可以选取多线框实体。扫掠的路径必须是相切连续的。此命令包括"扫掠""变化扫掠""螺旋扫掠""杆状扫掠""轮廓杆状扫掠"等命令，如图2-1-7所示。"扫掠"命令对话框如图2-1-8所示。

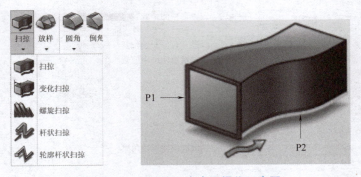

图2-1-7 "扫掠"命令及操作示意图

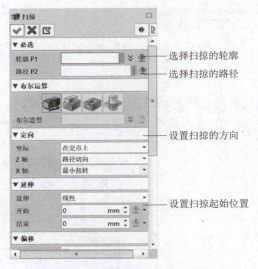

图2-1-8 "扫掠"命令对话框

"扫掠"命令

5）放样

"放样"命令是按照需要的放样顺序来选择轮廓P，轮廓的箭头必须指向同一个方向，如图2-1-9所示。"放样"命令对话框如图2-1-10所示。

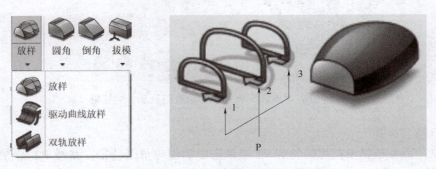

图2-1-9 "放样"命令及操作示意图

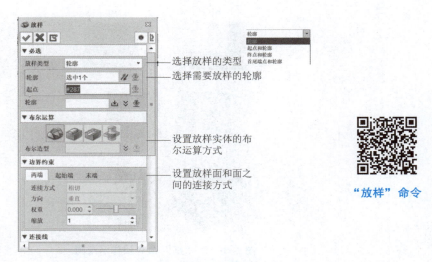

图 2-1-10 "放样"命令对话框

6）孔

"孔"命令支持简单孔、锥形孔、沉孔、台阶孔和台阶面孔，这些孔可以有不同的结束端类型，包括盲孔、终止面和通孔。"孔"命令对话框如图 2-1-11 所示。

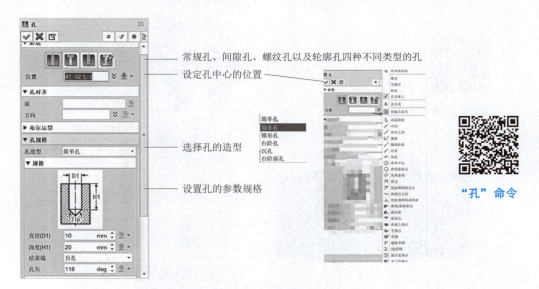

图 2-1-11 "孔"命令对话框

7）筋

"筋"命令即创建加强筋命令，它选择一个定义了筋轮廓的开放草图 P1 或单击中键创建一个特征草图 P1，输入筋宽度 W、拔模角度 A，指定筋的边界面 B，如果指定了一个角度，选择参考平面 P2，如图 2-1-12 所示。

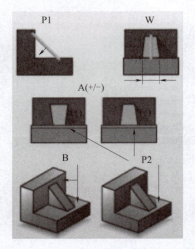

"筋"命令

图 2-1-12 "筋"命令操作示意图

8) 螺纹

通过围绕圆柱面 F 旋转一个闭合轮廓 P, 指定匝数 T 和每匝间的距离 D, 创建一个螺纹造型特征, 用于制作螺纹特征或其他在线性方向上旋转的造型, 如图 2-1-13 所示。

"螺纹"命令

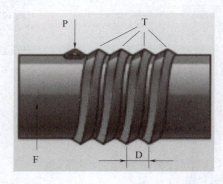

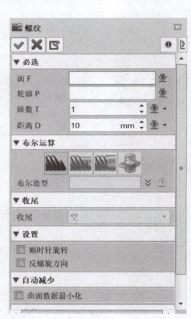

图 2-1-13 "螺纹"命令示意图

9) 唇缘

"唇缘"命令是基于两个偏移距离 D1 和 D2, 沿着所选边 E 创建一个唇缘特征, 如图 2-1-14 所示。

10) 抽壳

"抽壳"命令即从造型中创建壳体。选择要抽壳的造型 S, 指定壳体的厚度 T, 负值表示向内偏移，正值表示向外偏移。在造型中选择任意面 O，创建一个抽壳特征；若不选面 O，单击中键跳过此项，创建偏移特征，如图 2-1-15 所示。"抽壳"命令对话框如图 2-1-16 所示。

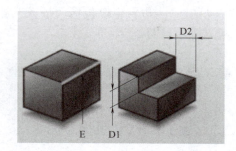

图 2-1-14 "唇缘"命令示意图

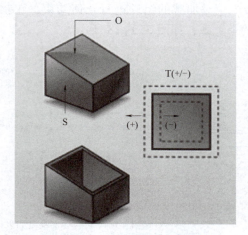

图 2-1-15 "抽壳"命令示意图

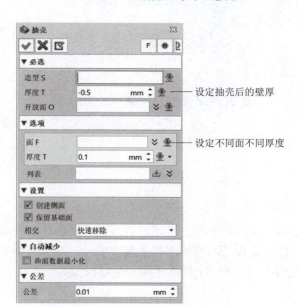

"抽壳"命令

图 2-1-16 "抽壳"命令对话框

二、中望 3D 装配约束过程

中望 3D 装配约束命令（见图 2-1-17）主要包括"插入"组件或零件命令、"约束"命令以及"阵列""移动"等基础编辑命令。

图 2-1-17　装配约束命令

首先通过"插入"组件命令，选择想要装配的零部件。

然后通过"约束"命令，对加载的组件进行几何约束，包括"重合""相切""同心""平行""垂直"等约束关系，如图 2-1-18 所示。

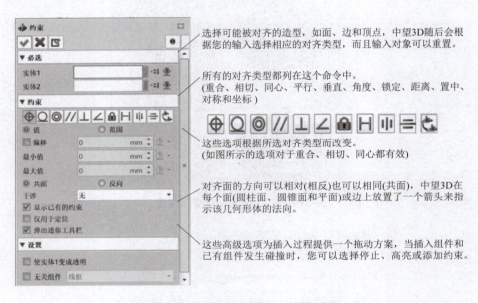

图 2-1-18　装配"约束"对话框注释

任务实施

一、校徽图纸分析

在 3D 打印校徽之前，首先需要用三维建模软件把校徽各个部分的三维模型创建出来，本项目采用中望 3D 软件开展设计与建模工作，经过测绘，得到校徽模型的二维工程图纸，如图 2-1-19 所示，然后利用中望 3D 软件建模，最终模型如图 2-1-20 所示。

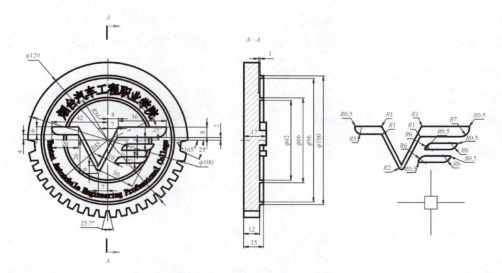

图 2-1-19 校徽二维工程图

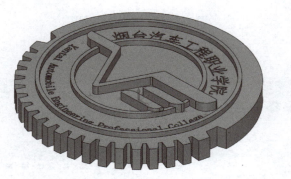

校徽创建过程演示

图 2-1-20 校徽模型

二、校徽建模过程

（1）单击"模式"菜单栏中"草图"命令，选择"上视图"为基准平面，单击"草图绘制"命令开始草图绘制，首先绘制校徽外轮廓，直径为 $\phi120$，完成后退出草图，如图 2-1-21 所示。

（2）单击"模式"菜单栏"特征"命令，单击工具"拉伸凸台/基体"，拉伸距离为12，单击"确定"按钮完成特征建立，如图 2-1-22 所示。

（3）单击"草图"命令，选中圆柱上表面，单击"确认"按钮，完成"基准面"的建立，如图 2-1-23 所示。

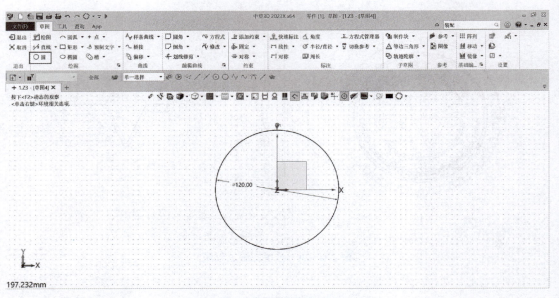

图 2-1-21　绘制截面草图

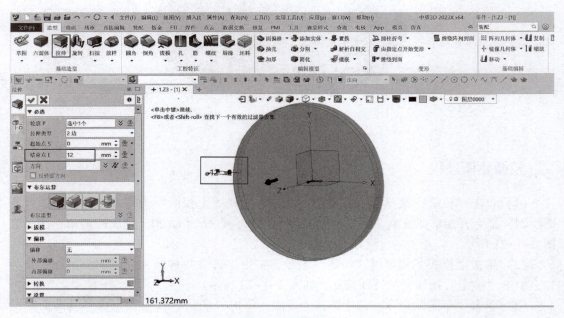

图 2-1-22　拉伸实体

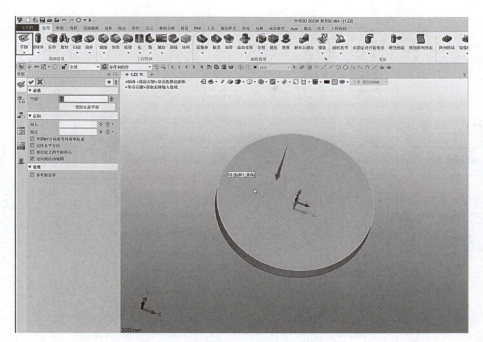

图 2-1-23　建立基准面 1

（4）单击"草图模式"，选择"基准面 1"为平面，单击"草图绘制"开始绘制，按工程图的尺寸绘制出左边凹槽的外形轮廓，单击"镜像"命令，选中左边四条边，以 Y 轴为对称轴，单击"完成镜像"按钮，如图 2-1-24 所示。完成后退出草图。

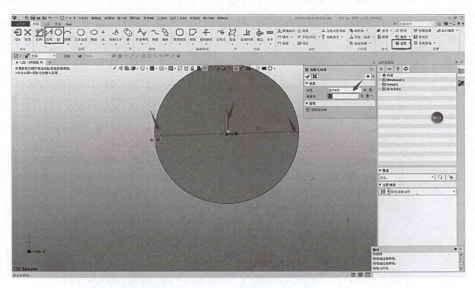

图 2-1-24　绘制截面草图

（5）单击"造型"命令，使用"拉伸"工具，选择凹槽轮廓拉伸距离 -20，布尔模式选择"相减"，完全贯穿切除，完成后单击"确认"按钮，如图 2-1-25 所示。

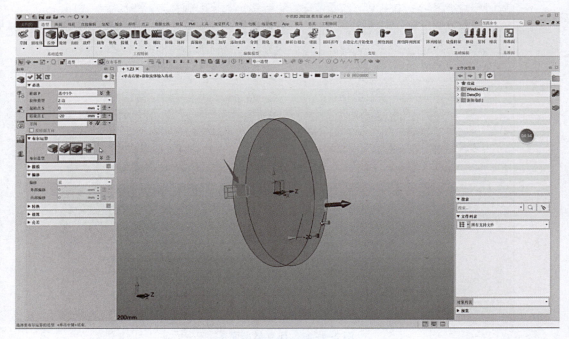

图 2-1-25　拉伸实体布尔求差

（6）单击"草图"命令，选中圆柱上表面，单击"确认"按钮，完成"基准面"的建立。

单击"草图绘制"命令开始绘制，按工程图的尺寸绘制出下方齿轮的外形轮廓，单击"阵列"命令，选中下方的四条边，以世界原点为阵列圆心，数目为45，间距为8，单击"完成阵列"命令，如图2-1-26所示。将凹槽上方多余的线条选中后删除，完成后退出草图。

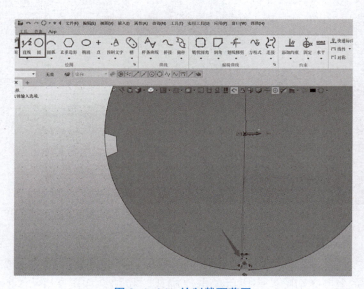

图 2-1-26　绘制截面草图

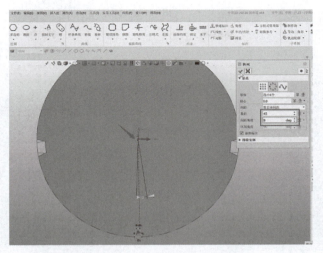

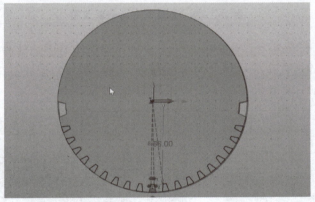

图 2-1-26　绘制截面草图（续）

（7）单击"造型"命令，使用"拉伸"工具，选择凹槽轮廓拉伸距离-20，布尔模式选择"相减"，完全贯穿切除，完成后单击"确认"按钮，如图 2-1-27 所示。

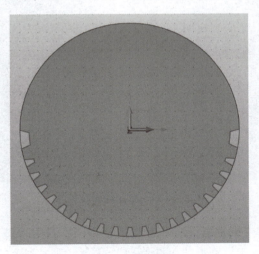

图 2-1-27　拉伸并布尔求差

（8）单击"圆"命令，创建四个同心圆的圆环。再使用"直线"和"偏移"命令，将校徽基础外形草图创建完成，如图 2-1-28 所示。

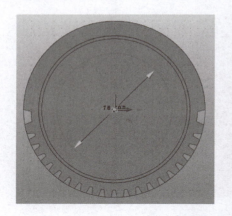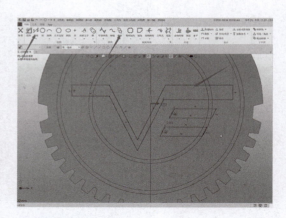

图 2-1-28 创建圆环及外形草图

（9）单击"圆角"命令，根据图纸所示参数，分别给对应边缘进行倒角，并对重叠的部分进行修剪，完成优化。选择"拉伸"命令，采用相加的模式，结束点输入 5，将高度拉出来，如图 2-1-29 所示。

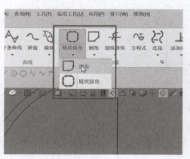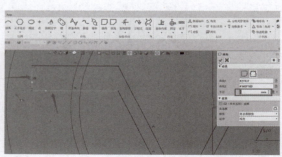

图 2-1-29 草图编辑及拉伸

（10）最后进行文字层的建立。首先新建文字路径，利用"圆"和"直线"命令，将圆弧的起点和终点创建出来，单击"划线修剪"命令，裁去多余的线段。选中圆弧，右击将曲线转化为参考线。单击"预制文字",在原点处选择参考的弧线,输入文字"烟台汽车工程职业学院",将行间距改为6.5。选择"拉伸"命令,选择文字轮廓拉伸距离-1,布尔模式选择"相减",完成后单击"确认"按钮,如图2-1-30所示。

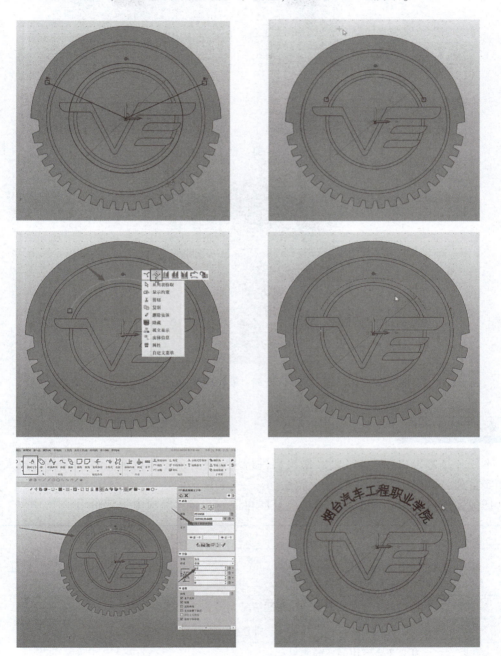

图 2-1-30　创建文字

(11) 利用同样的方法,在下表面画出参考线,创建文字(见图2-1-31),拉伸一定的厚度,最后完成整个校徽模型的创建,如图2-1-32所示。

图 2-1-31 创建文字

图 2-1-32 最终模型

> 任务小结与评价

本任务是基于实际需求，对校徽模型进行测绘并开展三维建模，要求任务完成人员能够如实重建校徽模型，并对其进行优化。

任务完成过程中，以小组为单位，开展自评与互评，完成考核评价表。

姓名		组别	
任务考核点		得分	备注得分点
课前对中望 3D 软件的学习情况			
进行实物测绘的工量具使用要领的掌握情况			
以小组为单位，形成实物尺寸，并进行三维建模			
独立思考解决问题的能力			
创意创新及专创融合的意识			
精益求精的职业素养			
小组课堂汇报			

任务 2　校徽模型的打印成型

任务引导

任务小组成员与负责老师进行了深入交流，为完成校徽的打印工作，采用 3D 打印技术对模型进行实体打印，设定合理的参数，确保校徽表面光滑平整。

任务要求

（1）完成工作页和工作计划。
（2）完成校徽模型的切片设计与处理。
（3）若在切片和打印过程中出现工作问题，记录并写出修正措施。
（4）完成工作总结。

任务目标

1. 知识目标
（1）掌握切片的工作流程。
（2）了解常用的切片软件。
（3）掌握切片软件参数的设置。
（4）掌握打印设备操作的设置。
（5）掌握尖嘴钳、镊子等工具的操作技能。

2. 技能目标
（1）使用切片软件进行模型的切片处理。
（2）会使用铲刀等工具从 3D 打印机取出产品。
（3）能熟练使用尖嘴钳、镊子等工具去除 3D 打印产品支撑。
（4）能熟练使用锉刀、砂纸等打磨工具打磨产品。

3. 素质目标
（1）能独立思考，并掌握打印成型过程的基本思路。
（2）能通过不同途径，获取完成任务所需要的信息。
（3）可以不断完善、优化工作流程。

任务咨询

一、对模型切片处理（Cura）

Cura 是荷兰 3D 打印公司 Ultimaker 推出的一款开源切片软件，该软件包含了所有 3D 打印需要的功能，分为模型切片与打印机控制两大部分，是目前所有 3D 打印模型软件切片最快的上位机软件。该软件操作界面简明详尽，易于上手，且可根据不同打印机和打印材料，对物体进行调整和设置，能力强悍，是开源切片软件的行业标杆。

软件的特色：

（1）具有更快的切片速度。以前需要几小时的切片现在只要几秒。

（2）动态模型准备。不再需要切片按钮，因为软件会立刻开始为模型进行切片。

（3）实时调整切片参数。因为当改变一个设置时，能看到工具路径重新出现在屏幕上，所以能够快速为打印对象找到优化设置。

（4）模型修复。新软件会自动修复模型中的主要问题。

（5）多材料。新软件从一开始就将多喷头打印纳入设计。

（6）跨平台。新软件用C++编写，支持Linux、Windows和Mac。

（7）开源。软件许可证是AfferoGPLv3。

二、常见的3D打印后处理方法

由于打印材料和打印精度要求的不同，一般需要对3D打印机打印出来的作品进行简单的后处理，如去除打印物体的支撑。如果打印精度不够，就会有很多毛边，或者出现一些多余的棱角，影响打印作品的效果，因此需要通过一系列后处理来完善作品。

根据打印方法的不同，3D打印中的后处理技术主要有清洗、退火、着色等方法。例如，使表面更光滑或对组件进行退火以增加其强度并改变其导电性。

零件的清洗包括很多，如脱焊、冲洗、刷洗、吹气等，目标是去除所有多余的粉末或者树脂材料。根据使用的打印过程，此步骤将花费不等的时间。

退火主要是提高零件的温度以改善其机械性能，这些机械性能包括耐热性、耐紫外线性，甚至包括它的强度或热稳定性。这一步主要涉及聚合物部件——例如，对于树脂工艺，有直接设计用于特定打印机的"固化"机器。对于粉末黏合或间接金属3D打印工艺，必须经过脱脂，然后通过合适的烘箱进行烧结。因此，退火技术常用于改善零件的最终性能和功能。

表面处理和着色可用于优化零件的外观。前者包括用于改善外观的所有方法，如平滑、抛光、喷砂、渗透或铣削。目前有许多工艺可以通过添加或去除材料来修饰零件的表面。例如，打磨会去除表面不平整，而喷涂会增加一层材料以获得更好的光泽。着色主要是指染色和喷漆，二者的选择主要取决于所使用的打印材料。例如，染色更适用于基于聚合物粉末的工艺，而喷漆更适用于使用FDM制造的零件。

后处理的优点：

（1）3D打印中的后处理是改善零件视觉效果的关键步骤，也是改善其最终特性的关键步骤。由于采用了不同的技术，3D打印部件可以充分发挥其潜力，甚至可以作为最终用途部件进行销售。

（2）后处理允许用户纠正某些打印缺陷，可以通过去除打印层的外观来"伪装"。此外，由于经过后处理，一些塑料部件具有与金属部件相似的特性，从而大大降低了价格。

三、FDM 3D打印机后处理步骤

对于常见的FDM 3D打印机，一般需要以下几个步骤完成后处理。

（1）用铲子把制件从底板上取下，如图 2-1-33 所示。

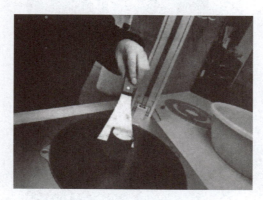

图 2-1-33　取下制件

（2）用电缆剪刀去除支撑，如图 2-1-34 所示。

图 2-1-34　除去支撑

（3）细部修正。当打印精度不高时，打印出来的制件在细节上可能与期望的产品效果有所偏差，需要使用工具进行一定的修正，一般使用 3D 打印专用笔刀进行毛刺和毛边的修正。

（4）抛光。FDM 3D 打印机打印出来的制件一般不够光滑，需要采用物理或化学手段进行抛光处理。其目的是去除制件毛坯上的各种毛边和加工纹路。目前常用的抛光方法有机械抛光、研磨抛光和化学抛光。常用工具有砂纸、纱绸布、打磨膏，也可使用抛光机配合帆布轮、羊绒轮等设备进行抛光。通常需要抛光的情况有需要电镀的表面、透明件的表面、要求具有镜面或光泽效果的表面等。

需要注意的是，一定要蘸水进行打磨，以防止材料过热起毛。一般大的支撑残留凸起部分使用锉刀去除；对于小的颗粒和纹路，则使用砂纸从低目数往高目数打磨。砂纸打磨是一种廉价且有效的方法，用 FDM 技术打印出来的物体上往往有一圈圈的纹路，用砂纸打磨消除如同电视机遥控器大小的纹路只需要 15 min，如图 2-1-35 所示。

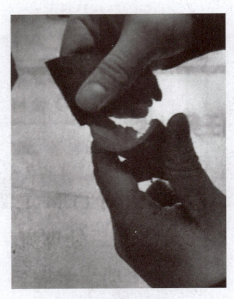

图 2-1-35　砂纸打磨

（5）上色。用单色打印机打印出的物体，可以通过上色来改变其颜色，或让其颜色更加多样化。

常见的上色方式有喷涂、刷涂和笔绘。喷涂和刷涂操作简单，除了常见的喷漆，也有手板模型专用的龟泵和喷笔，龟泵适合上底漆，喷笔则适用于小型模型或模型精细部分的上色，如图 2-1-36 所示。

图 2-1-36　喷涂操作和喷漆产品

笔绘更适合处理复杂的细节，所用颜料有油性和水性之分，应注意选择对应的模型漆稀释剂。上色时可以采用十字交叉法，即在第一层快干却没干时，上第二层新鲜颜料，第二层的笔刷方向与第一层垂直。除了要掌握上色技法，优质的颜料也非常关键，它可以让模型更加生动、历久弥新。笔绘用颜料和工具如图 2-1-37 所示。

图 2-1-37　笔绘用颜料和工具

任务实施

一、对模型切片处理

1. 安装 Cura 切片软件

（1）在软件安装根目录下找到该图标样式的 .exe 文件，双击打开 。

（2）勾选上 OBJ 和 AMF 的格式，如图 2-1-38 所示。

（3）如果打开软件后显示的是英语界面，可以单击"文件"中的"首选项"，下拉"language"选择"simple Chinese"切换成简体中文模式，如图 2-1-39 所示。

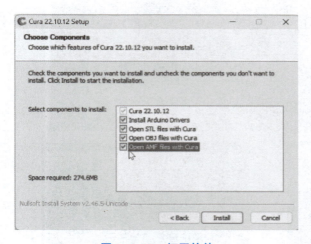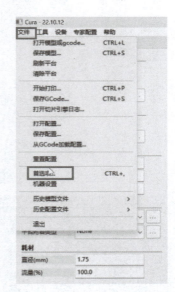

图 2-1-38　打开软件　　　　　　　　图 2-1-39　切换中文模式

2. 熟悉 Cura 切片软件界面

打开 Cura 软件后，出现软件整体界面，显示空的三维平台，其中包括菜单栏、模型预览区、模型文件处理区、旋转缩放区、辅助切片预览区、打印进度显示区等，如图 2-1-40 所示。每个区域都有不同的功能特点。

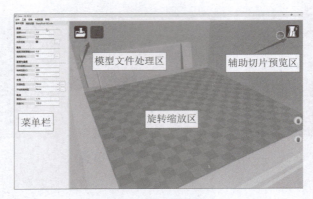

图 2-1-40　软件界面

3. Cura 切片软件初始设置

首先选择相应的机型，每台 3D 打印机的型号都有所不同，所对应的蓝色可打印的范围也是不同的，可以通过查询机器的状态得到机型参数，这里我们选择 K5/K6 的机型，如图 2-1-41 所示。

图 2-1-41　选择机型

层厚：每一层丝的厚度，支持 0.05~0.30，推荐在 0.1~0.2 取值，打印常用设置为

0.2。效果：层厚越小，表面越精细，打印时间越长。

壁厚：模型外壁厚度，每 0.4 为一层丝，推荐在 0.8~2.0 取值（取值为 0.4 的倍数，常用参数为 0.8）。效果：壁厚越厚，强度越好，打印时间越长。

允许反抽：打印时将丝回抽（设置时勾选允许）。效果：如果不反抽会产生拉丝，影响成型效果。

顶部/底部厚度：如果打印模型出现顶部破孔，可以适当调大这个数值，常用 0.8，可以按 0.2 倍数增加，如设置 1.0~1.2。

填充率：0 为空心，100 为实心。

打印速度：推荐 40（复杂模型建议使用 20~30）。

喷嘴温度：ABS 推荐 230，PLA 推荐 200~210。

热床温度：ABS 推荐 100，PLA 推荐 50~60。

支撑类型：打印过程中因为有悬空，丝会因为重力作用往下掉，所以需要添加支撑。
None：无支撑。
Touching buildplate：外部支撑。
Everywhere：在模型任何悬空的地方加上支撑，初学者建议选 Everywhere。

平台附着类型：增加一个底座，可以让打印的模型粘得更紧。
None：不添加底座。
Brim：加厚底座，并在周围添加附着材料。
Raft：网状的底座（常用底座）。

直径：机器所用耗材的直径（机器使用的耗材直径为 1.75 mm）默认设置，不需要更改。

流量：机器打印时挤出流量（默认设置为 100）。

基本设计完成后导入模型文件，由于本模型没有悬空的部分，因此支撑类型选择 None。

如图 2-1-42 所示为选择机型示例。

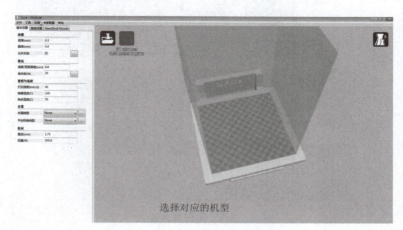

图 2-1-42　选择机型

4. 模型导入设置

放入模型后，正常情况下模型是黄色的。若不是正常情况就会变成灰色的。若模型尺寸超过蓝色区域，可以通过缩放、旋转和移动命令，将模型放到蓝色区内即可，同时打印的时间也会随着模型的尺寸和摆放位置而改变，如图2-1-43所示。

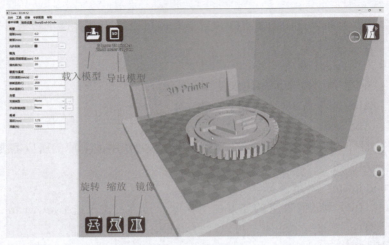

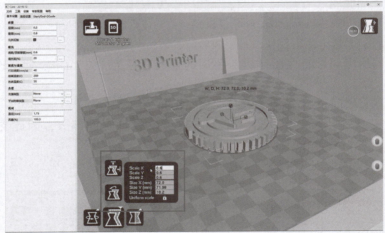

图 2-1-43 模型导入设置

如图2-1-43所示，"3hours 51 minutes"是打印时间；"20.59 meter"是打印这个模型需要消耗的耗材长度；"61 gram"是打印好的模型的质量。同时，三个图标中，第一个模块是提取电脑中的 stl 文件；第二个模块是储存完成切片的 gcode 文件。

1）旋转（Rotate）（见图 2-1-44（a））

因为有时刚刚载入的模型超出蓝色打印范围或者需要过多支撑结构，如果这样打印的话既影响表面质量又浪费时间，这时就需要我们将模型旋转到一个方便打印的位置。单击旋转模块，在模型周围就会出现三个不同颜色的圆圈，我们可以单击三个圆圈并移动鼠标旋转模型，这三个不同颜色的圆圈分别是红色（x 轴）、黄色（y 轴）、绿色（z 轴）的，可分别在 x、y、z 方向上调节模型摆放方向，如图 2-1-45~图 2-1-46 所示。

图 2-1-44 "旋转""缩放""镜像" 图标
（a）旋转；（b）缩放；（c）镜像

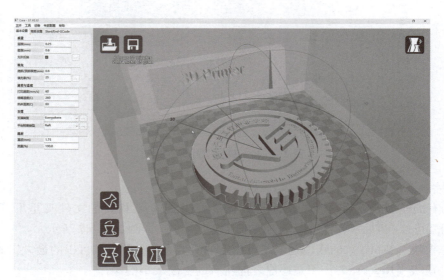

图 2-1-45 "旋转" 界面

在旋转（Rotate）中，还有两个功能，就是 Rotate 上面的两个模块。

（1）模块（Layflat）的作用是将模型放平。Cura 中的旋转不可以指定某一个角度，只能我们自己去旋转，所以有时难免会有偏差，所以旋转之后将它放平，以免没有旋转到位。

（2）模块（Reset）的作用是还原之前所有的旋转操作。

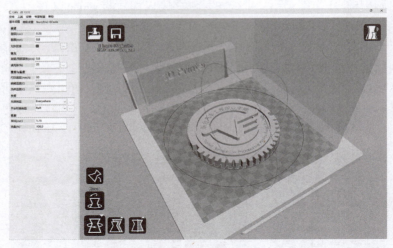

图 2-1-46 模型"旋转"操作

2）缩放（Scale）（见图 2-1-44（b））

因为有的模型载入后过大，从而导致无法打印。而 stl 格式的文件又是不可更改的，这时我们就可以在 Cura 中利用这个模块更改模型大小，如图 2-1-47 所示。

（1）模块（Tomax）的作用是基于已设定的机型大小，调整到可以的最大比例。

（2）模块（Reset）的作用是还原之前所有的更改大小的操作。

3）镜像操作（见图 2-1-44（c））

分别以 x、y、z 轴为对称轴镜像模型。

如图 2-1-48 是切换到层模式后的界面。

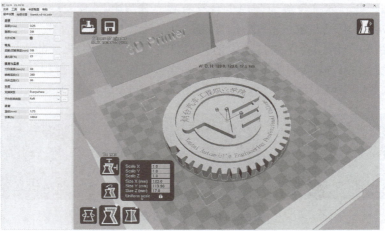

图 2-1-47　模型"缩放"操作

图 2-1-48　切换到层模式后的界面

①屏幕右下侧的进度条显示加载情况。模型切片完成后，在层模式中通常都需要加载。图示模型一共有51层。

②进度条上的白色色块代表层数。现在显示的是打印到第51层时的模型。

③模型显示中，外面蓝色的是裙边和支撑，红色的是外框架，绿色的是壁厚，蓝色的线条是喷头移动的轨迹，黄色的是中间网格状的填充。

最后将模型调整到60%的大小，无支撑类型，无平台附着类型。导出完成切片的gcode文件，预计1小时16分钟打完。

二、K6调平打印

深圳森工科技有限公司成立于2012年，公司从成立之初就在硬件通信研发领域积累了丰富的经验。该公司以科技改变世界为理念，以专业的研发团队为客户提供创新技术和硬件解决方案，主要生产云打印机、3D打印机及3D打印机相关配件。森工科技自从进入三维快速成型行业，就跻身成为国内少数具有独立研发和制造3D打印机的生产商之一，目前公司客户群有中国大陆，还有中国香港、中国台湾以及海外客户。

如图2-1-49所示，在正式打印之前，需要对设备进行调平，微调喷嘴和平台距离，使其之间能通过一张A4纸的厚度为最佳。单击"设置"→"Z行程测量"，通过单击上升和下降来调整喷嘴与平台的距离。调平完成后设备归零，设备进入准备阶段。

图2-1-49　打印机设置调平

还有一种手动调平的方法用来备用，单击"准备"→"解锁"电机，旋转平台右下角下面的螺栓调整高度，直到喷嘴和平台之间有点紧张地通过一张A4纸的厚度即可，依次推动电机到平台的四个角，完成调平，如图2-1-50所示。

图2-1-50　打印机手动调平

接下来，进丝预热设备。

常见的3D打印机喷嘴不出丝的问题有：

（1）检查3D打印机送丝电机。加温进丝，齿轮送丝观察齿轮转动是否正常，步进电动机送丝观察进丝时电动机是否微微振动并发出工作响声，若有则说明是电动机线接错需要调节中间两相线。若无，检查送丝器及其主板的接线是否完整，不完整及时维修。

（2）查看打印耗材温度。ABS 打印喷嘴温度在 210～230 ℃，PLA 打印喷嘴温度在 195～220 ℃。

（3）查看 3D 打印机喷嘴是否堵头。喷嘴温度加热，ABS 加热到 230 ℃，PLA 加热到 220 ℃，丝上好后用手稍微用力推动看喷嘴是否出丝，如果出丝，则喷嘴没有堵头；如果不出丝，则拆下喷嘴清理喷嘴内积屑或者更换喷嘴。

（4）3D 打印机工作台是否离喷嘴较近。如果工作台离喷嘴较近，则工作台挤压喷嘴不能出丝。调整喷嘴工作台之间的距离，距离为刚好放下一张薄卡片厚度为合适。

插入 U 盘载入模型，选择校徽 .gcode 文件，温度上升到设定值后，开始打印。打印机预热过程如图 2-1-51 所示。

图 2-1-51　打印机预热

打印过程中容易出现的一些问题如下：

故障一：模型粘不到 3D 打印机工作台。

（1）喷嘴离工作台距离太远，调整工作台和喷嘴的距离，使其刚好可以通过一张薄名片厚度。

（2）工作台温度太高或者太低。ABS 打印工作台温度应该在 110 ℃左右，PLA 打印工作台温度应该稳定在 70 ℃左右。

（3）打印耗材问题，换家耗材供应商的耗材适应下，各耗材厂家所生产的打印耗材参差不齐，所以可以尝试更换一下打印材料试试。

（4）打印 ABS 一般在工作台贴上高温膜，打印 PLA 一般在工作台上贴上美纹纸。（在粘贴美纹纸后，打印 PLA 模型会出现模型不好拿掉的问题，可以在打印模型完毕后加热打印平台到 100 ℃，这样好拿一些。）

故障二：打印模型错位。

（1）切片模型错误。现在用的最多的软件是 Cura、Repetier 两种。大多是开源的，所以说软件的稳定性、专业性不能保证，还有每个设计模型图出来不一定就是完美适合的，所以打印错位首先模型图不换，把其重新切片，或将其移动位置，让软件重新生成 gcode 文件进行打印。

（2）模型图纸问题。出现错位换切片后模型还是一直错位，换以前打印成功的模型图实验，如果无误，重新作图纸。

（3）打印中途喷嘴被强行阻止路径。首先打印过程中不能用手触碰正在移动的喷嘴，其次如果模型图打印最上层有积屑瘤，则下次打印将会重复增大积削，一定程度坚硬的积屑瘤会阻挡喷嘴正常移动，使电动机丢步导致错位。

（4）电压不稳定。打印错位时观察是否有大功率电器，如空调等连接，可能电闸一起关闭时导致打印错位，如果有，打印电源应加上稳压设备。如果没有，观察打印错位是否每次喷嘴走到同一点出现行程受阻，喷嘴卡位后出现错位，一般是 X、Y、Z 轴电压不均，调整主板上 X、Y、Z 轴电流使其通过三轴电流基本均匀。

（5）主板问题。

打印机故障排除如图 2-1-52 所示。

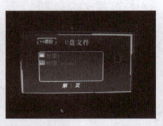

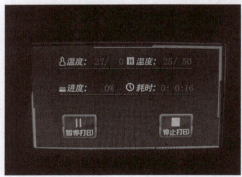
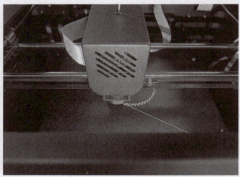

图 2-1-52　打印机故障排除

三、模型后处理

对于校徽零件，我们的后处理包括取下制件、抛光处理和上色三部分，如图 2-1-53～图 2-1-55 所示。

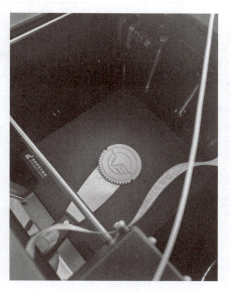

图 2-1-53　取下校徽制件

图 2-1-54　抛光打磨制件

图 2-1-55　制件上色

任务小结与评价

　　本任务是在前面三维建模的基础上开展的 3D 打印过程，在此过程中需要掌握模型切片、打印机调平、模型后处理等操作技能。

　　任务完成过程中，以小组为单位，开展自评与互评，完成考核评价表。

姓名		组别	
任务考核点		得分	备注得分点
对 Cura 切片软件的使用掌握情况			
对校徽模型进行切片处理			
对校徽模型进行 3D 打印			
小组分工协作的工作能力			
严谨细致的工作态度			
安全工作意识			
小组汇报			

项目二　基于 UG NX 软件的有支撑体装配类产品的设计与 SLA 打印实施

项目导入

国内某企业因需要成批量制造排风扇叶轮，为了增强排风扇叶轮风力，公司重新设计了排风扇叶轮，为了验证设计模型的可靠性，方面后续的模具开发，考虑到模具昂贵的价格，厂家想先制造一个排风扇叶轮进行风量的测试，厂商负责人联系到我们，需要我们的帮助，您能帮忙想办法来解决此问题吗？

项目目标

知识目标
掌握 UG NX 软件的三维造型设计和装配设计。
掌握利用切片软件 Magics 对有支撑类产品进行参数设置。
能够完成创新模型的三维建模。

能力目标
能够使用 UG NX 软件开展三维模型创建。
能够利用切片软件 Magics 对有支撑类产品进行参数设置。
使用打印机将所建三维模型进行打印成型且能够对打印产品进行后处理。

素养目标
培养学生的创新意识及专创融合的能力。
培养学生良好的逻辑思维能力。

增材小课堂

我国微纳 3D 打印技术遥遥领先

小小的器官芯片上有很多细微的通道，像是人体的毛细血管网络，器官芯片就是在人体外，模拟构建了一个仿人体器官的三维微结构，供科研人员在器官芯片上开展各种医药方面的研究实验。

以往，类似器官芯片的制备，是用光刻去做的，需要光刻机对芯片模具进行微细加工，加工效率比较低、成本高。我国科技人员采用最新的微纳 3D 打印技术，自主研发的亚像素微扫描技术，保留了光刻的精度，然后在效率上是光刻的 1 万倍以上，解决了立体光刻这个卡脖子问题，使打印精度和效率都处于全球领跑位置。

利用微纳 3D 打印技术制备器官芯片，相比以往的微纳加工技术，还能够大大提高设计的灵活性，并且便于一步成型，同时能够大大降低制备的成本。

任务 1　排风扇叶轮的建模与装配设计

任务引导

项目组成员与厂商设备负责人进行了深入交流，了解到此排风扇叶轮相关尺寸等参数，为了及时给厂家制造出排风扇叶轮进行风量的测试，拟通过工业级光固化 3D 打印机制作排风扇叶轮，完成排风扇叶轮的替换。为完成排风扇叶轮的打印工作，首先需要做哪些工作呢？

任务要求

（1）完成工作页和工作计划。
（2）按图纸要求，完成建模和装配任务。
（3）若在建模过程中出现工作问题，记录并写出修正措施。
（4）完成工作总结。

任务目标

1. 知识目标

（1）掌握产品设计草图的绘制方法。
（2）掌握拉伸、旋转、阵列和镜像特征的创建方法。
（3）掌握布尔运算。
（4）掌握装配方法和装配约束。

2. 技能目标

（1）会熟练运用草图工具绘制草图截面。
（2）会熟练使用拉伸、旋转、阵列和镜像特征。
（3）会熟练进行零件的装配。

3. 素质目标

（1）能独立思考，并根据零件图纸构建三维建模和装配设计的基本思路。
（2）能通过不同途径，获取完成任务所需要的信息。
（3）可以不断完善、优化工作流程。

任务咨询

一、UG NX 三维建模常用命令介绍

1. 草图绘制

"草图"选项卡包括"轮廓""矩形""直线""圆弧""圆""点""艺术样条""多边形""椭圆""二次曲线"等曲线绘制命令及曲线编辑命令，如图 2-2-1 所示。

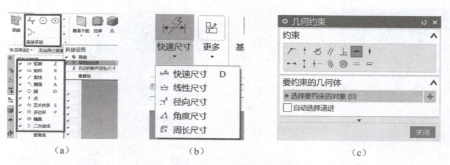

图 2-2-1 "草图"选项卡命令

(a) 草图绘制命令；(b) 添加尺寸约束命令；(c) 添加几何约束命令

利用"草图"命令完成下面草图的绘制，如图 2-2-2 所示。

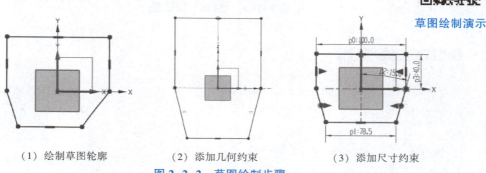

(1) 绘制草图轮廓　　　(2) 添加几何约束　　　(3) 添加尺寸约束

图 2-2-2　草图绘制步骤

2. 创建特征

"特征"选项卡包括"拉伸""旋转""孔""凸台""扫略""螺纹""管道""抽壳""修剪体""布尔运算""镜像特征""阵列特征"等常用命令。

1) 拉伸

拉伸特征是线串沿指定方向运动所形成的特征。

单击"特征"工具栏"拉伸"工具按钮，单击键盘快捷键 X 或选择菜单项"插入"→"设计特征"→"拉伸"命令，激活"拉伸"对话框，如图 2-2-3 所示。

2) 旋转

旋转特征是一个截面轮廓绕指定轴线旋转一定角度所形成的特征。在"特征"工具栏单击"旋转"按钮，或者选择菜单项"插入"→"设计特征"→"旋转"命令，系统弹出"旋转"对话框，如图 2-2-4 所示。通过旋转可以生成旋转曲面、旋转实体和薄壳旋转对象。如图 2-2-5 所示为"旋转"示意图。

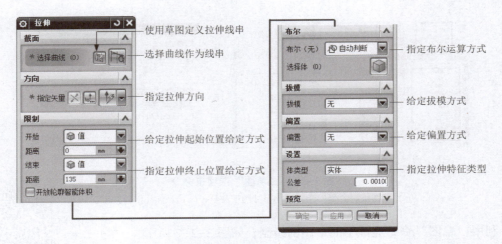

图 2-2-3 "拉伸"对话框

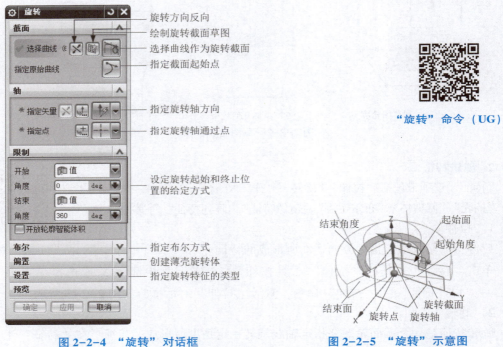

图 2-2-4 "旋转"对话框　　　　图 2-2-5 "旋转"示意图

3）圆柱体

选择菜单项"插入"→"设计特征"→"圆柱体"命令或单击"特征"工具栏"圆柱体"工具按钮，激活"圆柱"对话框，如图 2-2-6 所示。使用圆柱体特征创建圆柱有"轴、直径和高度"和"圆弧和高度"两种方式，可以通过"圆柱"对话框的"类型"下拉列表进行选择。

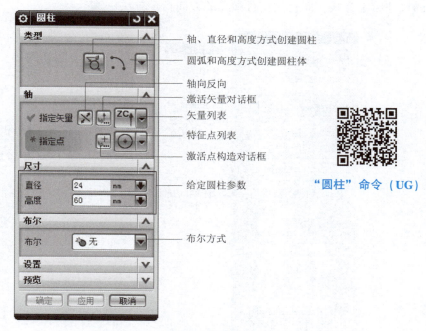

图 2-2-6 "圆柱"对话框

4）凸台

凸台特征用于在实体的平面上生成一个圆柱或圆柱凸台。可以选择菜单项"插入"→"设计特征"→"凸台"命令或者单击"特征"工具栏"凸台"工具按钮，激活"凸台"对话框，如图 2-2-7 所示。

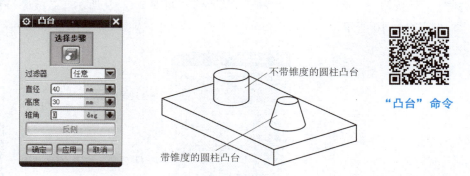

图 2-2-7 "凸台"对话框

5）孔

选择"特征"工具栏"孔"工具按钮，或旋转菜单项"插入"→"设计特征"→"孔"命令激活"孔"对话框，如图 2-2-8 所示。通过"孔"对话框完成打孔操作。在 NX 中孔的类型有常规孔、钻形孔、螺钉间隙孔、螺纹孔和孔系列等多种。选择不同类型的孔，虽然"孔"对话框略有不同，但打孔的操作过程基本一致，都需要指定孔的位置和孔的方向、指定孔的形状和基本尺寸两个步骤，不同类型的孔的不同之处在于孔的形状和孔的尺寸给定方式，而孔的位置和孔的方向指定方法一致。

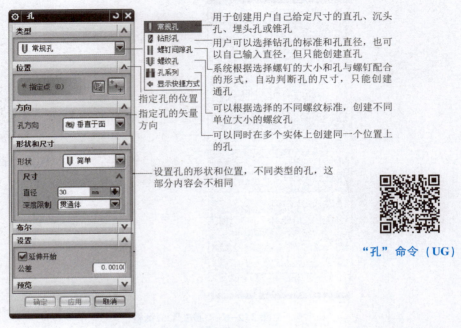

"孔"命令（UG）

图 2-2-8 "孔"对话框

6）镜像特征

"镜像特征"可以将选择的一个或多个特征沿指定的平面产生一个镜像体。可以选择菜单项"插入"→"关联复制"→"镜像特征"命令或单击"特征"工具栏"镜像特征"工具按钮，激活"镜像特征"对话框，如图2-2-9所示。"镜像特征"操作示意图如图2-2-10所示。

镜像特征（UG）

图 2-2-9 "镜像特征"对话框

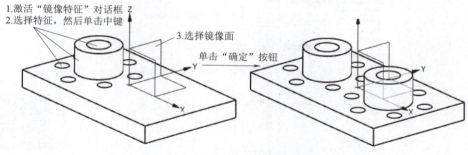

图 2-2-10 "镜像特征"操作示意图

7）阵列特征

创建阵列特征是指将选定特征按照给定的规律进行分布，可以创建线性、圆形、多边形、螺旋线、沿曲线、常规、参考等形式的阵列，如表 2-2-1 所示。

表 2-2-1 "阵列特征"阵列类型

线性阵列	圆形阵列	多边形阵列
螺旋线阵列	沿曲线阵列	空间螺旋线阵列

可以选择菜单项"插入"→"关联复制"→"阵列特征"命令或单击"特征"工具栏"阵列特征"工具按钮 阵列特征，激活"阵列特征"对话框，如图 2-2-11 所示。

8）抽壳

抽壳特征可以将实体的内部挖空，形成带壁厚的实体。UG NX 中有"移除面，然后抽壳"和"对所有面抽壳"两种形式。选择菜单项"插入"→"偏置/缩放"→"抽壳"命令或者单击"特征"工具栏"抽壳"工具按钮 抽壳，系统将打开"抽壳"对话框，如图 2-2-12 所示。抽壳形式如图 2-2-13 所示。

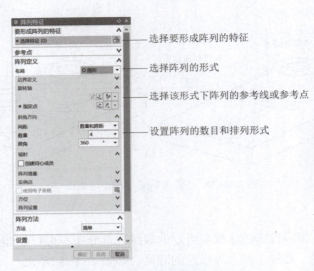

阵列特征（UG）

图 2-2-11 "阵列特征"对话框

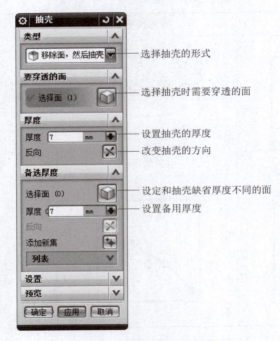

抽壳特征（UG）

图 2-2-12 "抽壳"对话框

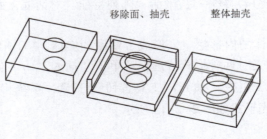

图 2-2-13 抽壳形式

二、UG NX 模型装配方法及命令介绍

1. 装配方法

（1）从底向上装配设计——先创建部件几何模型，再组合成子装配，最后生成装配部件的装配方法。

（2）自顶向下装配设计——在装配级中创建与其他部件相关的部件模型，是在装配部件的顶级向下产生子装配和部件（即零件）的装配方法。

（3）混合装配设计——混合装配是将自顶向下装配和自底向上装配结合在一起的装配方法。例如先创建几个主要部件模型，再将其装配在一起，然后在装配中设计其他部件，即混合装配。

在实际设计中，可根据需要在两种模式下切换。

2. 常用的装配约束

"装配约束"对话框如图 2-2-14 所示。

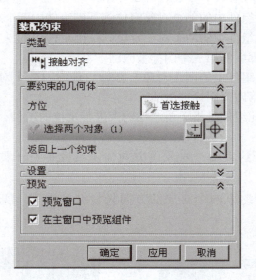

图 2-2-14 "装配约束"对话框

（1）接触对齐：用于定位两个贴合或对齐配对对象。实例示意图如图 2-2-15 所示。

图 2-2-15 "接触对齐"实例示意图

(2) ◎同心：用于将相配组件中的一个对象定位到基础组件中一个对象的中心上，其中一个对象必须是圆柱或轴对称实体。实例示意图如图 2-2-16 所示。

图 2-2-16 "同心"实例示意图

(3) ⫲中心：用于约束两个对象的中心对齐。

1 至 2：用于将相配组件中的一个对象定位到基础组件中两个对象的对称中心上。

2 至 1：用于将相配组件中的两个对象定位到基础组件中的一个对象上，并与其对称。当选择该项时，选择步骤中的第三个图标被激活。

2 至 2：用于将相配组件中的两个对象与基础组件中的两个对象成对称布置。选择该选项时，选择步骤中的第四个图标被激活。

需要注意的是，相配组件是指需要添加约束进行定位的组件，基础组件是指位置固定的组件。

(4) ⫽平行：用于约束两个对象的方向矢量彼此平行。实例示意图如图 2-2-17 所示。

(5) ⊥垂直：用于约束两个对象的方向矢量彼此垂直。实例示意图如图 2-2-18 所示。

图 2-2-17 "平行"实例示意图

图 2-2-18 "垂直"实例示意图

任务实施

一、结构分析

在通过 3D 打印技术打印如图 2-2-19 所示的排风扇叶轮之前，首先需要用三维建模软件把排风扇叶轮各个部分的三维模型创建出来，本项目采用 UG NX 软件，如图 2-2-20 所示。

图 2-2-19　排风扇叶轮

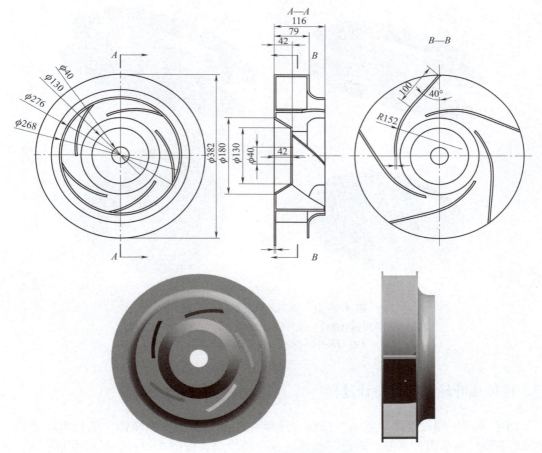

图 2-2-20　排风扇叶轮图纸

二、建模思路分析

排风扇叶轮的建模思路如图 2-2-21 所示。

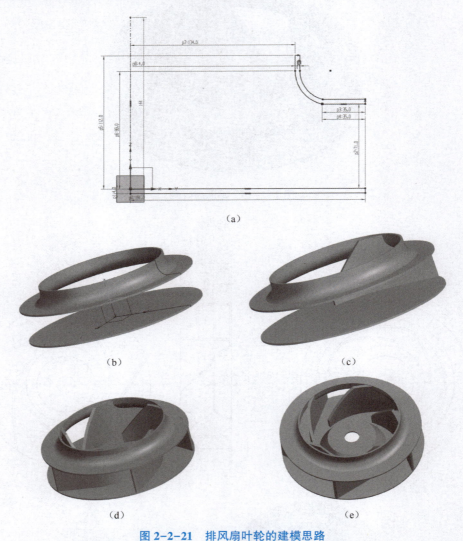

图 2-2-21　排风扇叶轮的建模思路

(a) 绘制草图截面曲线；(b) 创建旋转特征；(c) 创建叶片特征；
(d) 圆周阵列叶片；(e) 创建底座特征

三、排风扇叶轮的建模设计过程

（1）单击标题栏中的"插入"按钮，选择在任务环境中绘制草图，选择默认坐标系的 *XZ* 平面绘制草图，单击"确定"按钮进入草图绘制，按图 2-2-22 所示绘制草图，完成后退出草图。

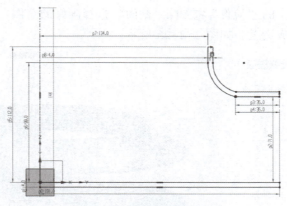

图 2-2-22　绘制草图

（2）单击造型栏中的"旋转"按钮，"截面"选择画好的草图；旋转轴选择 Z 轴，"起始角度"为"0"；"结束角度"为"360"；单击"确定"按钮完成造型，如图 2-2-23 所示。

图 2-2-23　旋转特征操作

（3）单击标题栏中的"插入"按钮，选择在任务环境中绘制草图，选择 XY 平面为草图平面，单击"确定"按钮进入草图，按图 2-2-24 所示绘制草图，完成后退出草图。

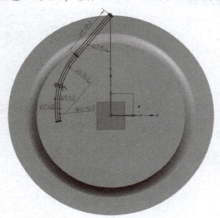

图 2-2-24　绘制草图

(4)单击造型栏中的"拉伸"按钮;"截面"选择画好的草图;设定距离为110 mm,单击"确定"按钮完成造型,如图2-2-25所示。

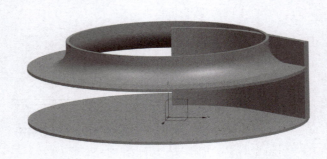

图 2-2-25　对草图进行拉伸

(5)单击标题栏中的"插入"按钮,选择在任务环境中绘制草图,选择 *XZ* 平面为草图平面,单击"确定"按钮进入草图。按图2-2-26所示绘制草图,完成后退出草图。

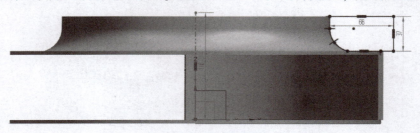

图 2-2-26　绘制草图

(6)单击造型栏中的"旋转"按钮,选择"布尔求差",选择画好的草图,"限制"设定角度为360°,单击"确定"按钮完成造型,如图2-2-27所示。

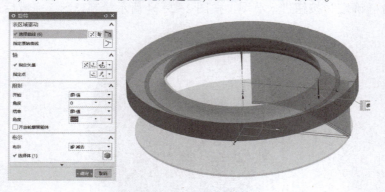

图 2-2-27　创建连接凸台

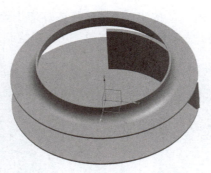

图 2-2-27　创建连接凸台（续）

（7）单击标题栏中的"插入"按钮，选择在任务环境中绘制草图，选择默认坐标系的 XZ 平面绘制草图，单击"确定"按钮完成草图。按图 2-2-28 所示绘制草图，完成后退出草图。

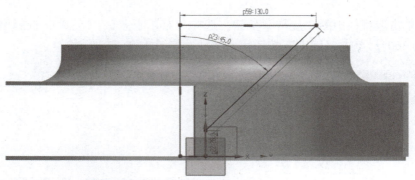

图 2-2-28　绘制草图

（8）单击造型栏中的"拉伸"按钮，选择"布尔求差"，设定距离为 -100 mm；单击"确定"按钮完成造型，如图 2-2-29 所示。

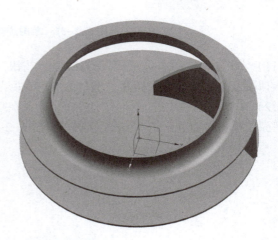

图 2-2-29　拉伸求差操作

（9）单击标题栏中的"插入"按钮，选择在任务环境中绘制草图，选择 XZ 平面为草图平面，单击"确定"按钮进入草图，按图 2-2-30 所示绘制草图。

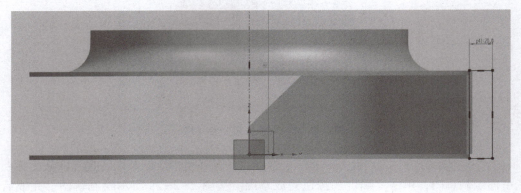

图 2-2-30　绘制草图

（10）单击造型栏中的"旋转"按钮，选择"布尔求差"；"轮廓"选择画好的草图；设定角度为 360°；单击"确定"按钮完成造型，如图 2-2-31 所示。

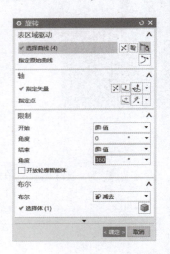
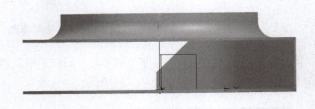

图 2-2-31　草图旋转操作

（11）单击造型栏中的"阵列几何特征"按钮，选择建立的实体，矢量选择 Z 轴，旋转点选择原点。使用数量和跨距，数量为 5，节距为 360°，如图 2-2-32 所示。

（12）单击标题栏中的"插入"按钮，选择在任务环境中绘制草图，选择 XZ 平面为草图平面，单击"确定"按钮进入草图，按图 2-2-33 所示绘制草图。

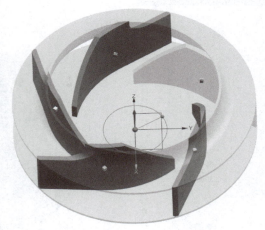

图 2-2-32　圆周阵列操作

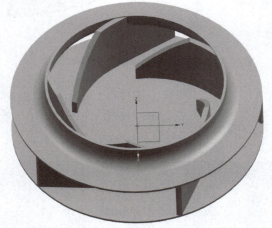

图 2-2-33　绘制草图

（13）单击造型栏中的"旋转"按钮，选择"布尔求和"；"轮廓"选择画好的草图；设定角度为 360°；单击"确定"按钮完成造型，如图 2-2-34 所示。

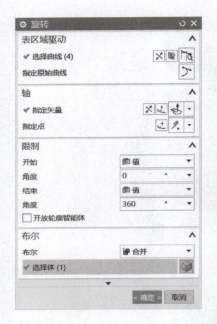 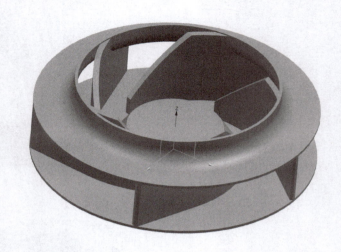

图 2-2-34　草图旋转操作

（14）单击标题栏中的"插入"按钮，选择在任务环境中绘制草图，选择 XY 平面绘制草图，单击"确定"按钮进入草图绘制，按图 2-2-35 所示绘制草图，完成后退出草图。

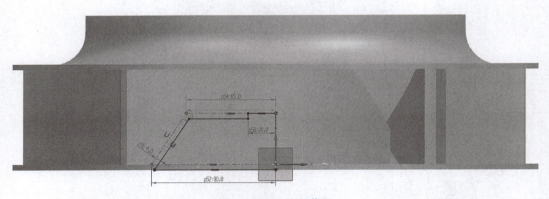

图 2-2-35　绘制草图

（15）单击标题栏中的"旋转"按钮，选择"布尔求差"；设定角度为 360°；单击"确定"按钮完成造型，如图 2-2-36 所示。

（16）单击造型栏中的"合并"按钮，选择全部实体为目标，单击"确定"按钮完成造型，如图 2-2-37 所示。

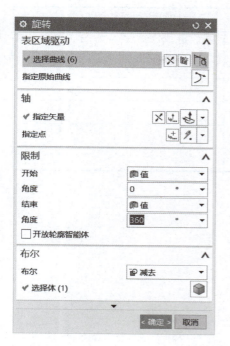
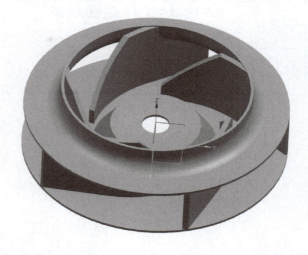

图 2-2-36　草图旋转操作

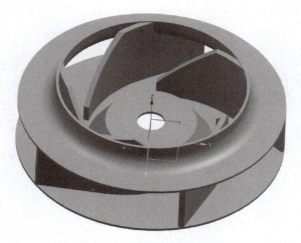

图 2-2-37　对模型进行合并

任务小结与评价

本任务是利用 UG NX 软件进行排风扇叶轮的三维建模，通过完成此任务，能够熟练掌握 UG NX 软件开展三维建模与零部件装配的技能。

任务完成过程中，以小组为单位，开展自评与互评，完成考核评价表。

姓名			组别	
任务考核点			得分	备注得分点
课前对 UG NX 软件的学习情况				
利用 UG 软件开展叶轮模型的创建				
自主学习的能力				
举一反三的能力				
小组课堂汇报				

任务 2　排风扇叶轮模型的打印成型

任务引导

项目组成员与核电站设备负责人进行了深入交流，为完成排风扇叶轮的打印工作，我们采用 3D 打印技术对模型进行实体打印。

任务要求

（1）完成工作页和工作计划。
（2）完成排风扇模型的切片设计与处理。
（3）若在切片和打印过程中出现工作问题，记录并写出修正措施。
（4）完成工作总结。

任务目标

1. 知识目标

（1）掌握切片的工作流程。
（2）了解常用的切片软件。
（3）掌握切片软件参数的设置。
（4）掌握打印设备操作的设置。
（5）掌握尖嘴钳、镊子等工具的操作技能。
（6）打印件清洗、后固化等后处理的使用知识。

2. 技能目标

（1）使用切片软件进行模型的切片处理。
（2）会使用铲刀等工具从 3D 打印机取出产品。
（3）能熟练使用尖嘴钳、镊子等工具去除 3D 打印产品支撑。
（4）能熟练处理打印件表面的树脂和后固化过程。
（5）能熟练使用锉刀、砂纸等打磨工具打磨产品。

3. 素质目标

（1）能独立思考，并掌握打印成型过程的基本思路。
（2）能通过不同途径，获取完成任务所需要的信息。
（3）可以不断完善、优化工作流程。

任务咨询

一、SLA 打印机工作原理介绍

为了满足客户打印要求，我们使用立体光固化成型打印，这种技术也可以称为 Stereolithography Apparatus（SLA），是3D打印技术中精度和速度较高的一种技术。SLA技术不产生热扩散和热形变，加上链式反应能作精确控制，可保证聚合反应不发生在激光点之外，加工精度高，表面质量好。该技术以光敏树脂为原料，依靠光聚合反应进行固化成型。计算机控制下的紫外激光按预定零件各分层截面的轮廓为轨迹对液态树脂连点扫描，使被扫描区的树脂薄层产生光聚合反应，从而形成零件的一个薄层截面。紫外激光对薄层截面进行光扫固化叠加，最终得到一个三维立体模型。打印设备如图2-2-38所示。

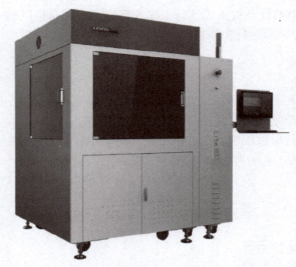

图2-2-38　上海联泰SLA 3D打印设备

二、SLA打印机工作流程介绍

在设计好模型后，需要将模型以STL格式导出进行打印，然后导入切片软件Magics中进行添加支撑以及切片，最后将切片文件导入打印设备中进行打印。本项目使用的是SLA打印设备，使用的材料为光敏树脂，所以打印前需要进行前处理，主要是进行液位的调整，这些过程为设备自己完成，不需要工作人员进行操作，液位调整完成后单击设备打印按钮就可开始打印。模型打印完成后将打印件从打印台取出进行支撑的拆除，拆除完成后使用95%酒精擦除打印件表面残留树脂，然后将打印件表面酒精晾干后进行后固化处理，固化完成后去除打印件即可，至此零件打印完成。

Magics和BP的安装，注册和参数设置

> 任务实施

一、切片过程

1. STL 格式文件的生成

UG 软件输出 STL 文件用于模型的切片及打印,如图 2-2-39 所示。

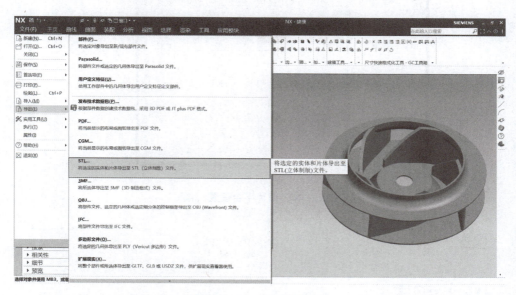

图 2-2-39 STL 文件导出

2. STL 文件的切片

首先将 STL 格式的模型导入 Magics 软件中进行切片,创建打印机所适配的打印平台(打印平台文件由设备厂商提供),随后导入 STL 文件到打印平台,切片平台设置如图 2-2-40 所示,模型导入设置如图 2-2-41 所示。

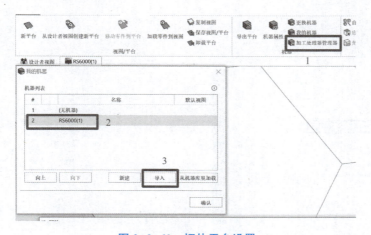

图 2-2-40 切片平台设置

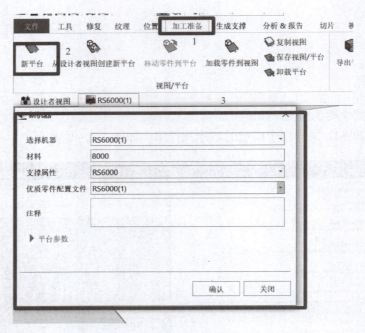

图 2-2-40　切片平台设置（续）

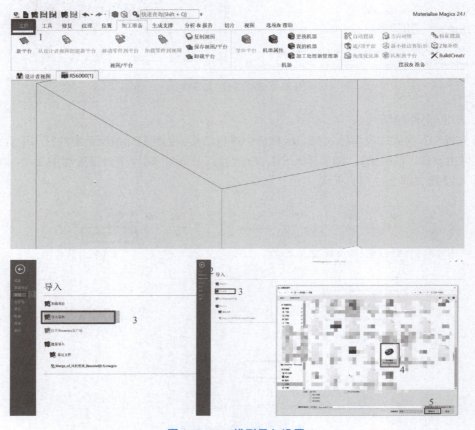

图 2-2-41　模型导入设置

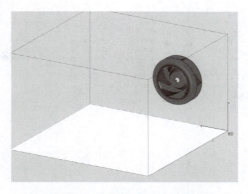

图 2-2-41　模型导入设置（续）

3. 打印零件的摆放位置

在某些情况下，需要生成支持模型中的悬空部分或悬臂的支撑结构。Magics 提供了支撑结构生成工具，可以根据模型的几何特征和打印要求自动生成支撑结构。通过调整支撑结构参数，可以平衡打印质量和支撑结构的易移除性。

Magics 中的智能支撑也叫 e-stage，单击生成 e-stage Support，等待即可生成支撑结构。这里的 e-stage 参数为联泰 Lite800 所适配的参数（参数设置由厂商提供）。使用 e-stage 支撑主要是因为确保在 3D 打印过程中复杂、悬空或悬臂的部分能够成功打印并保持稳定。e-stage 参数设置过程如图 2-2-42 所示，支撑生成过程如图 2-2-43 所示。

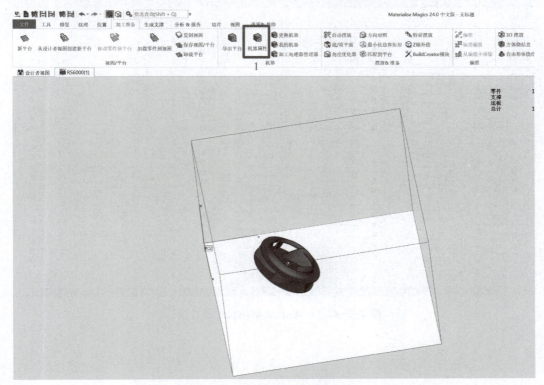

图 2-2-42　e-stage 参数设置过程

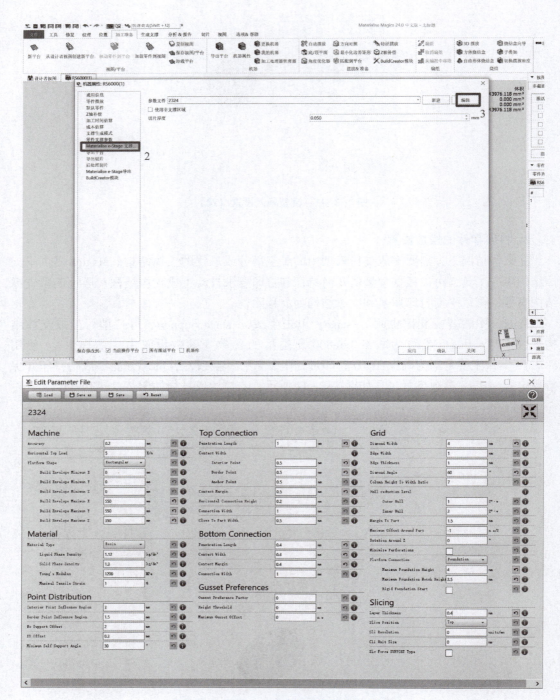

图 2-2-42 e-stage 参数设置过程(续)

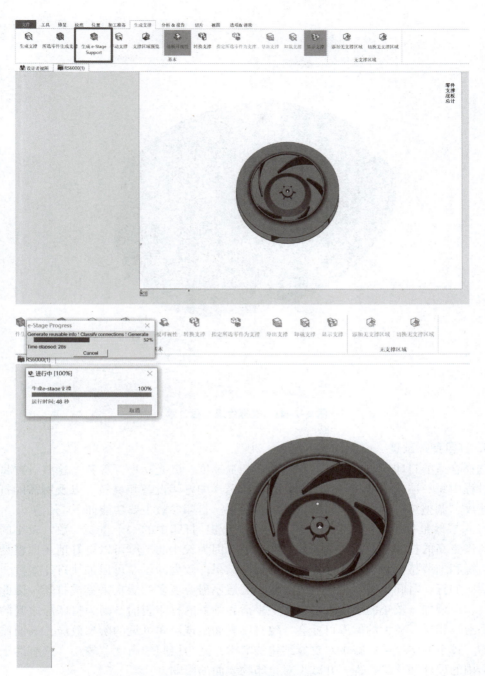

图 2-2-43 支撑生成过程

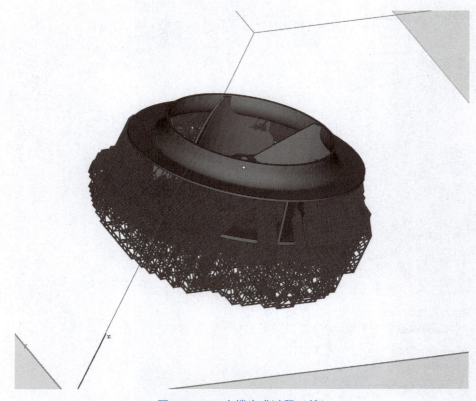

图 2-2-43　支撑生成过程（续）

4. 打印参数设置

选择合适的打印参数，包括层厚、激光扫描速度、激光功率等参数。这些设置将影响打印过程中每一层的厚度和打印性能。根据所选择的打印设备和材料，以及所需的打印质量和速度，调整这些参数以获得最佳的切片结果。打印参数主要功能如下：

（1）层厚是指每个打印层的厚度，它是 SLA 3D 打印中的一个重要参数。较小的层厚可以提供更高的打印精度和更细腻的打印细节。因为较小的层厚可以更好地还原模型的曲线、边缘和细节特征，从而产生更精确的打印结果。较大的层厚可以加快打印速度，因为每个层次的打印时间更短。相比之下，较小的层厚需要更多的层次来完成打印，因此打印时间会相应增加。较小的层厚可以提供更平滑和细腻的打印表面，因为打印层之间的过渡更加平滑。相反，较大的层厚可能会导致打印表面出现层间可见的阶梯效应，表面质量相对粗糙。较小的层厚可以减少对支撑结构的需求，因为层间的高度差较小。这有助于简化支撑结构的设计和移除过程，并减少对打印物表面的影响。

（2）激光扫描速度为扫描激光的打印速度。较低的激光扫描速度可以提供更平滑的打印表面，因为激光束停留的时间较长，有更多的时间进行光固化和平滑打印层。较高的激光扫描速度可能导致表面粗糙度增加或细节模糊。需要注意的是，选择适当的激光扫描速度需要综合考虑打印时间、打印精度和表面质量之间的平衡。较高的速度可以提高打印效率，但可能会影响打印质量。因此，根据打印需求和实际情况选择合适的激光扫描速度是非常重要的。

（3）激光功率是指激光束的强度，它影响树脂的固化速度。较高的激光功率可以适当提高打印速度，但可能导致打印物的细节模糊或表面质量下降。较低的激光功率可以提供更精细的打印细节和更好的表面质量。过高的激光功率会导致打印物件过热，可能会导致失真、收缩或产生内部应力。因此，需要在激光功率和打印速度之间取得平衡，以确保打印物件的质量和稳定性。

（4）曝光时间是指每个层次中激光照射树脂的时间。较长的曝光时间可以确保树脂完全固化，但可能导致打印时间延长。较短的曝光时间可以减少打印时间，但可能会影响打印物的质量。选择合适的曝光时间可以平衡打印时间和打印质量之间的关系。

根据上述设置，使用 Magics 的切片功能生成切片文件，如图 2-2-44 所示。切片文件将包含模型每一层的打印路径和相关信息。这些文件可以导出为标准格式供后续使用。

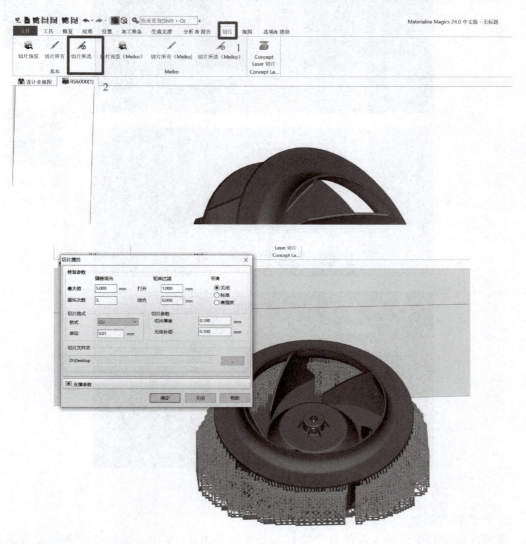

图 2-2-44 切片操作

二、打印过程

1. 启动设备

首先进行开机检查,开机检查是模型打印前十分重要的预准备工作,包括刮刀的清理,平台上是否有残留的打印碎屑。然后启动光固化 SLA 打印机,打开工控机上的 RSCON 和激光串口连接软件,打开 RSCON 软件中的加热、激光器、振镜功能,如图 2-2-45 所示。

刮刀清理

设备开机与关机

英谷激光器开关机

图 2-2-45　启动设备

2. 导入切片模型

将切片完成的模型导入设备自带的打印操作软件 RSCON 中,推动进度条可以查看每一层截面情况,如图 2-2-46 所示。

图 2-2-46　导入切片模型

3. 开始打印

单击"准备"按钮后,设备会自动调整配重块,使光敏树脂溶液到达打印所需位置,液位调整完成后,设备开始打印,详细过程查看视频,如图2-2-47所示。

添加树脂

真空盒的安装

托板的安装与拆卸

托板调平

图 2-2-47　开始打印

4. 拆除支撑

经过逐层打印后，模型成型结束，打印基板自动上升，模型打印完毕，拆除支撑，如图 2-2-48 所示。

图 2-2-48　拆除支撑

5. 清洗零件表面残余树脂

分离支撑后，需要对模型进行清洗，使用乙醇清洗模型表面树脂残留，建议使用 95% 纯度以上的乙醇，如图 2-2-49 所示。

图 2-2-49　清洗表面树脂

6. 打印试样后固化

清洗完毕后，需要对模型进行固化处理，把清理好的模型进行简单擦拭后放在固化箱中进行固化，固化时间根据模型体积大小而定，如图 2-2-50 所示。固化完成后，打印和后处理过程全部完成。

图 2-2-50　打印完后的模型进行固化处理

任务小结与评价

本任务是利用 SLA（立体光固化成型）打印技术打印叶轮模型，利用 Magics 软件进行模型切片，因此在完成任务的过程中，需要掌握此两项技能。

任务完成过程中，以小组为单位，开展自评与互评，完成考核评价表。

姓名		组别	
任务考核点		得分	备注得分点
对 SLA 打印技术的掌握情况			
对 Magics 切片软件的使用掌握情况			
对叶轮模型进行切片处理			
对叶轮模型进行 3D 打印			
小组分工协作的能力			
安全操作意识			
规范操作设备的职业素养			
小组汇报			

项目三　基于 SolidWorks 软件的有支撑体装配类产品的设计与 SLM 打印实施

项目导入

国内某企业想要设计一款非标准的齿轮，具有以下几种特点：应具有两种传动比；输出轴与输入轴保持平行；存在绕自己轴线转动的齿轮和绕其他齿轮轴线转动的齿轮。需要近期进行调试，因为采用模具铸造的方式进行齿轮生产时间太长且价格昂贵，企业设备负责人联系到我们，需要我们的帮助，您能帮忙解决此问题吗？

项目目标

知识目标

掌握 SolidWorks 软件的三维造型设计和装配设计。
掌握利用切片软件 Bulidstar 对有支撑类产品进行参数设置。
能够完成创新模型的三维建模。

能力目标

能够使用 SolidWorks 软件开展三维模型创建。
能够利用切片软件 Bulidstar 对有支撑类产品进行参数设置。
使用打印机将所建三维模型进行打印成型且能够对打印产品进行后期处理。

素养目标

培养学生的创新意识及专创融合的能力。
培养学生良好的逻辑思维能力。

增材小课堂

由简至繁，大道至简

"大道至简"出自老子《道德经》："万物之始，大道至简，衍化至繁。"大道至简就是任何事物都是从很简单开始，由简至繁，由简单到复杂；反过来，任何复杂事物和理论，仔细剖析，一直追溯到其开始状态，就会知道其实开始时都非常简单。

大道至简的理念在中国科学家中得到了广泛的体现，这一理念强调的是事物的本质和简单性，以及通过简单的方法解决问题。这种理念不仅体现在科学研究中，也贯穿于科学家的生活和工作中。

严加安院士阐述过科学与艺术的共性，特别是数学和诗歌在创作理念和美学准则上的联系，他引用了老子的"大道至简"和庄子的"大美天成"来强调科学和艺术的美学追求；熊璋教授在提出智慧城市概念时，希望利用中国的信息科技水平来建设智慧城市，这一理念也体现了大道至简的原则，即在复杂的技术和问题中找到最简单的解决方案；袁隆平院士在农业科研领域的不懈探索，为人类战胜饥饿带来了希望。他的工作简单而直接，致力于提高粮食产量，解决了中国人民的温饱和国家粮食安全问题，这也是大道至简理念的体现。

任务 1　行星齿轮的建模与装配设计

任务引导

项目组成员与厂家设备负责人进行了深入交流，了解到此齿轮相关尺寸等参数，为了及时给厂家制造出齿轮进行运行测试，拟通过工业级金属 3D 打印机为其打印齿轮。为完成齿轮的打印工作，我们首先需要做哪些工作呢？

任务要求

（1）完成工作页和工作计划。
（2）按图纸要求，完成建模和装配任务。
（3）若在建模过程中出现工作问题，记录并写出修正措施。
（4）完成工作总结。

任务目标

1. 知识目标

（1）掌握产品设计草图的绘制方法。
（2）掌握拉伸、旋转、阵列和镜像特征的创建方法。
（3）掌握布尔运算。
（4）掌握装配方法和装配约束。

2. 技能目标

（1）会熟练运用草图工具绘制草图截面。
（2）会熟练使用拉伸、旋转、阵列和镜像特征。
（3）会熟练进行零件的装配。

3. 素质目标

（1）能独立思考，并根据零件图纸构建三维建模和装配设计的基本思路。
（2）能通过不同途径，获取完成任务所需要的信息。
（3）可以不断完善、优化工作流程。

任务咨询

一、SolidWorks 三维建模常用命令介绍

1. 草图绘制

"草图"选项卡包括"直线""圆""样条曲线""基准面""矩形""圆弧""椭圆""文字""槽口""多边形""圆角或倒角""点"等曲线绘制命令，"剪裁""转换""等

距""镜像""阵列""移动"等曲线编辑命令以及"智能尺寸""水平尺寸""竖直尺寸""尺寸链"和"显示或删除几何关系""添加几何关系"等曲线约束命令,如图 2-3-1 所示。

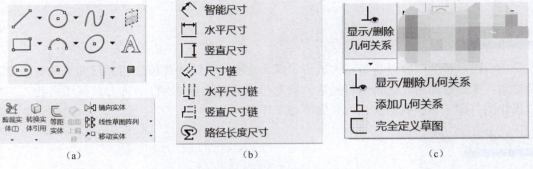

图 2-3-1 "草图"选项卡命令

(a) 草图绘制及编辑命令;(b) 添加尺寸约束命令;(c) 添加几何约束命令

利用"草图"选项卡命令完成下面草图的绘制,如图 2-3-2 所示。

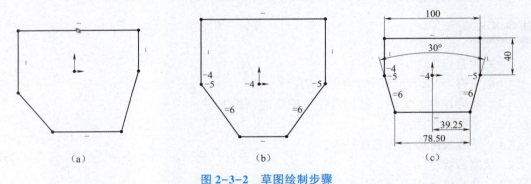

图 2-3-2 草图绘制步骤

(a) 绘制草图轮廓;(b) 添加几何约束;(c) 添加尺寸约束

2. 特征创建及编辑

"特征"选项卡包括"拉伸凸台/基体""旋转凸台/基体""扫描基体""放样凸台/基体""边界凸台/基体""拉伸切除""异型孔向导""旋转切除""扫描切除""放样切割""边界切除""圆角"等常用建模命令以及"线性阵列""筋""拔模""抽壳""包覆""相交""镜像"等常用模型编辑命令,如图 2-3-3 所示。

草图绘制(SW)

图 2-3-3 "特征"创建命令

1）拉伸基体

"拉伸凸台/基体"特征是线串沿指定方向运动所形成的特征。单击"特征"工具栏中的"拉伸凸台/基体"工具按钮或选择菜单项"插入"→"凸台/基体"→"拉伸"命令，如图2-3-4所示，激活"拉伸"对话框，如图2-3-5所示。

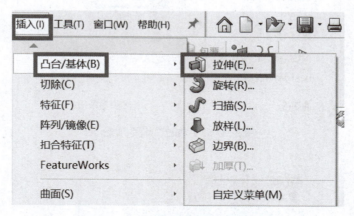

图 2-3-4 "拉伸凸台/基体"命令加载

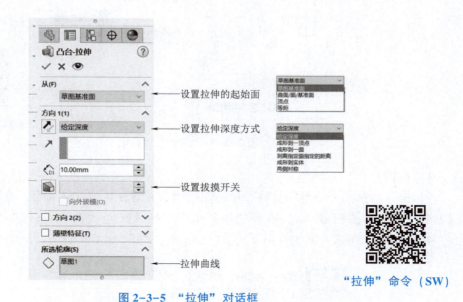

图 2-3-5 "拉伸"对话框

"拉伸"命令（SW）

2）旋转

"旋转"特征是一个截面轮廓绕指定轴线旋转一定角度所形成的特征。在"特征"工具栏中单击"旋转凸台/基体"按钮，或者选择菜单项"插入"→"凸台/基体"→"旋转"命令，如图2-3-6所示，系统弹出"旋转"对话框，如图2-3-7所示。通过旋转可以生成旋转曲面、旋转实体和薄壳旋转对象。

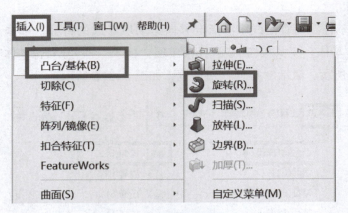

图 2-3-6 "旋转"命令加载

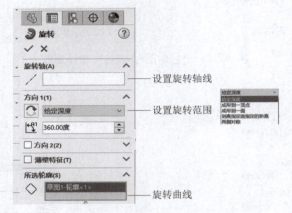

图 2-3-7 "旋转"对话框

"旋转"命令（SW）

3）扫描

"扫描"特征沿开环或闭合路径通过扫描闭合轮廓来生成实体特征。在"特征"工具栏单击"扫描"按钮 ，或者选择菜单项"插入"→"凸台/基体"→"扫描"命令，如图 2-3-8 所示，系统弹出"扫描"对话框，如图 2-3-9 所示。

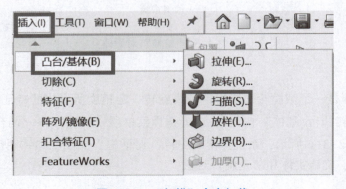

图 2-3-8 "扫描"命令加载

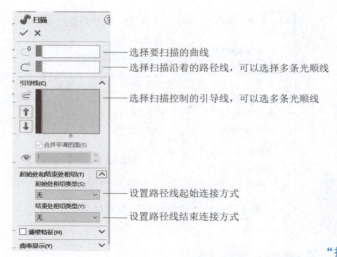

图 2-3-9 "扫描"对话框

"扫描"命令（SW）

4）放样

放样是在两个或多个轮廓之间添加材质来生成实体特征。单击"特征"工具栏中的"放样凸台/基体"工具按钮 放样凸台/基体 或者选择菜单项"插入"→"凸台/基体"→"放样"命令，激活"放样"对话框，如图 2-3-10 所示。

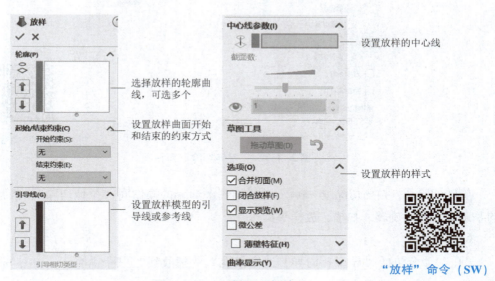

图 2-3-10 "放样"对话框

"放样"命令（SW）

5）拉伸切除

拉伸切除是以一个或两个方向拉伸所绘制的轮廓来切除一实体模型。单击"特征"工具栏"拉伸切除"工具按钮 拉伸切除 或者选择菜单项"插入"→"切除"→"拉伸"命令，如图 2-3-11 所示，激活"拉伸切除"对话框，如图 2-3-12 所示。

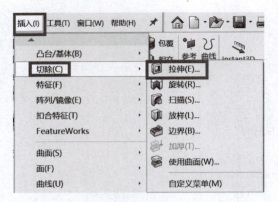

图 2-3-11 "拉伸切除"命令加载

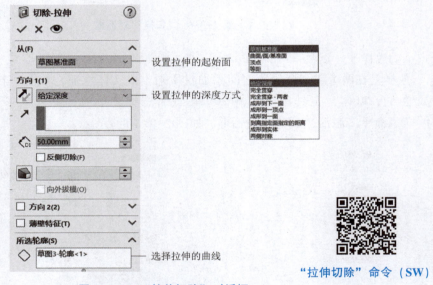

图 2-3-12 "拉伸切除"对话框

"拉伸切除"命令（SW）

旋转切除、扫描切除、放样切割的操作同"拉伸切除"，都是在基体的基础上，开展旋转、扫描、放样等操作。

6）孔

"孔"命令包括"异型孔向导""高级孔""螺纹线"三个命令，选择"特征"工具栏"异型孔向导"工具按钮，或下拉菜单项"插入"→"特征"→"孔"命令，如图 2-3-13 所示，激活"孔"对话框，如图 2-3-14 所示。通过"孔"对话框完成打孔操作。

图 2-3-13 "孔"命令加载

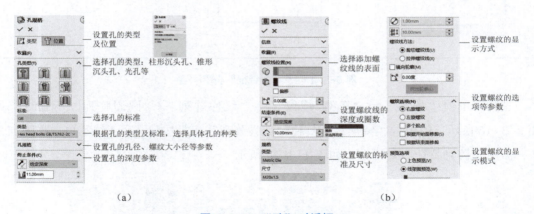

(a)   (b)

图 2-3-14 "孔"对话框
(a) 异型孔向导；(b) 螺纹线

在 SolidWorks 中，孔的类型有常规孔、柱形沉头孔、锥形沉头孔、高级孔、螺钉孔、螺纹孔和孔系列等多种。选择不同类型的孔，虽然"孔"对话框略有不同，但打孔的操作过程基本一致，都需要指定孔的位置和孔的方向、指定孔的形状和基本尺寸两个步骤，不同类型的孔的不同之处在于孔的形状和孔的尺寸给定方式，而孔的位置和孔的方向指定方法一致。

7) 阵列特征

"阵列特征"可以以一个或两个线性方向阵列特征、面及实体，可以创建线性、圆形、多边形、螺旋线、沿曲线、常规、参考等形式的阵列，如图 2-3-15 所示。

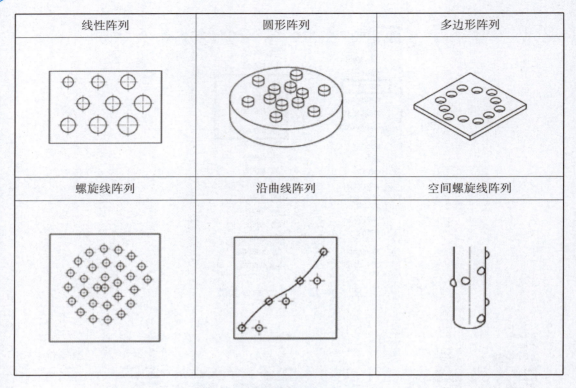

图 2-3-15 "阵列特征"阵列类型

选择菜单项"插入"→"阵列/镜像"→"线性阵列""圆周阵列"等命令,如图 2-3-16 所示,或单击"特征"工具栏"线性阵列"工具按钮,下拉菜单选择阵列方式,激活"阵列特征"对话框,如图 2-3-17 所示。

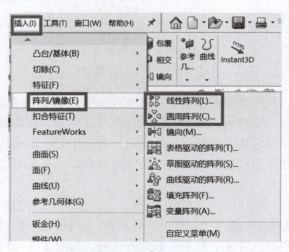

图 2-3-16 "阵列特征"命令加载

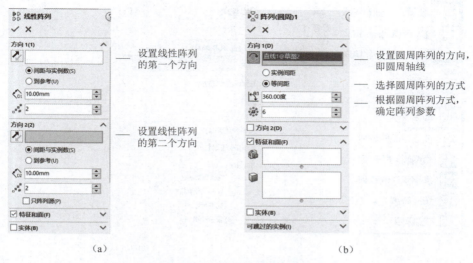

图 2-3-17 "阵列特征"对话框

（a）线性阵列；（b）圆周阵列

8）镜向特征

创建镜向特征是绕面或基准面镜向特征、面及实体。"镜向特征"示意图如图 2-3-18 所示。

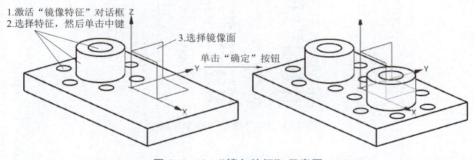

图 2-3-18 "镜向特征"示意图

可以选择菜单项"插入"→"阵列/镜像"→"镜向"命令或单击"特征"工具栏中的"镜向"命令 镜向，或者"阵列特征"工具按钮 阵列特征 下拉菜单中的"镜像" 镜向，激活"镜向特征"对话框，如图 2-3-19 所示。

9）抽壳

抽壳特征是从实体移除材料来生成一个薄壁特征，它可以将实体的内部挖空，形成带壁厚的实体。选择菜单项"插入"→"特征"→"抽壳"命令或者单击"特征"工具栏"抽壳"工具按钮 抽壳，如图 2-3-20 所示，系统将打开"抽壳"对话框，如图 2-3-21 所示。

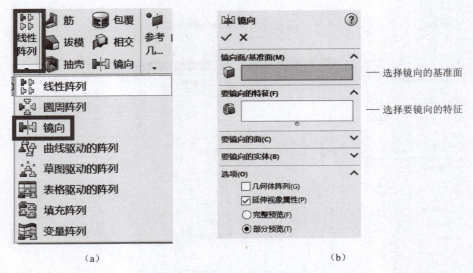

图 2-3-19 "镜向特征"的命令和对话框
(a) "线性阵列"中的"镜向"命令；(b) "镜向特征"对话框

图 2-3-20 "抽壳"命令加载

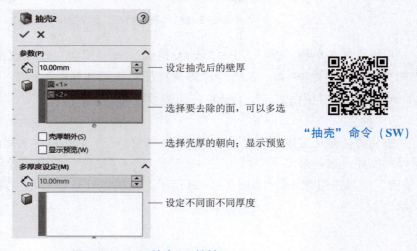

图 2-3-21 "抽壳"对话框

"抽壳"命令（SW）

10）拔模

拔模特征是使用中性面或分型线按所指定的角度削尖模型面。选择菜单项"插入"→"特征"→"拔模"命令或者单击"特征"工具栏"拔模"工具按钮 ![拔模]，系统将打开"拔模"对话框，如图 2-3-22 所示。

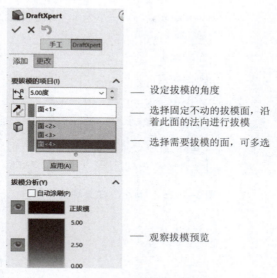

图 2-3-22 "拔模"对话框

二、SolidWorks 装配约束过程

（1）插入零部件：在"装配体"选项卡，单击"插入零部件"命令，即可通过"插入零部件""新零件""新装配体""随配合复制"四种方式加载装配模型，如图 2-3-23 所示。"插入零部件"对话框如图 2-3-24 所示。

图 2-3-23 加载"插入零部件"命令

图 2-3-24 "插入零部件"对话框

（2）配合：用于将两个零部件之间的关系进行定位，"配合"关系主要包括：标准配合中的重合、平行、垂直、相切、同轴心等关系，高级配合中的对称、宽度、路径配合、线性/线性耦合等配合关系，机械配合中的凸轮、槽口、铰链、齿轮、齿条小齿轮、螺旋、万向节等关系，如图 2-3-25 所示。

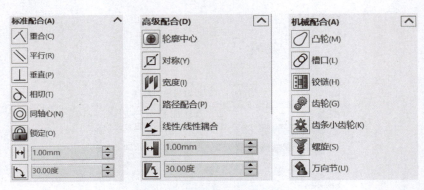

图 2-3-25　"配合"关系种类

任务实施

一、结构分析

在 3D 打印如图 2-3-26 所示的行星齿轮之前，首先需要用三维建模软件把行星齿轮各个部分的三维模型创建出来，本项目采用 SolidWorks 软件进行三维模型创建，如图 2-3-27 所示。

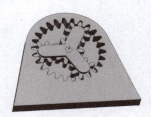

图 2-3-26　行星齿轮

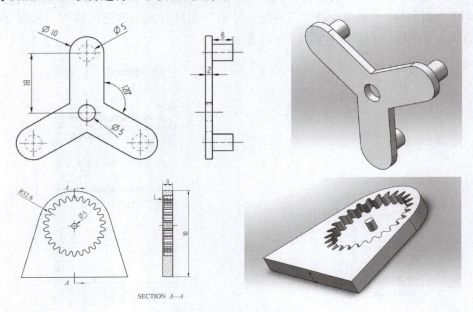

图 2-3-27　行星齿轮图纸

二、建模思路分析

1. 三角架的建模思路

三角架的建模思路如图 2-3-28 所示。

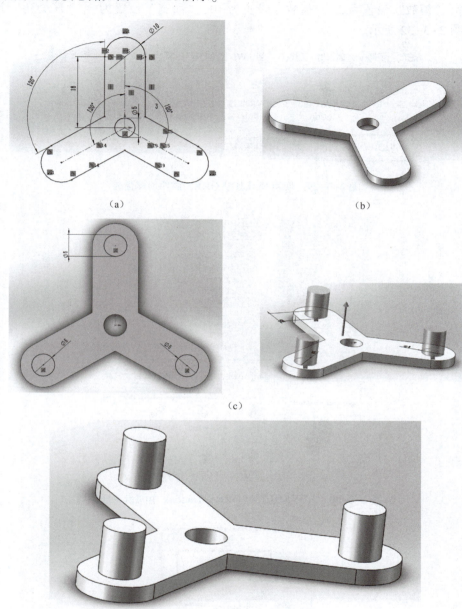

图 2-3-28 三角架的建模思路

（a）绘制草图截面曲线；（b）创建拉伸特征；（c）创建拉伸凸台基体并合并运算；（d）三角架创建完成

2. 齿轮建模过程

（1）单击"SOLIDWORKS 插件"按钮，选择"SOLIDWORKS Toolbox"中的正齿轮建模进行齿轮的绘制，如图 2-3-29 所示。右击"正齿轮"，如图 2-3-30 所示，弹出菜单，选择"生成零件"，如图 2-3-31 所示，进入"配置零件"对话框，设定齿轮参数，给定齿轮名称，"模数"设置为 2，"齿数"设置为 10，"面宽"设置为 8，"压力角"设置为 20°，如图 2-3-32 所示。

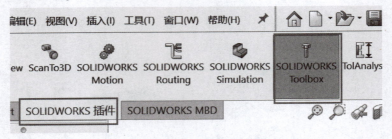

图 2-3-29　使用 SOLIDWORKS 插件创建齿轮

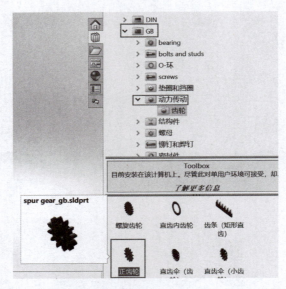

图 2-3-30　打开 SOLIDWORKS Toolbox 中的齿轮插件

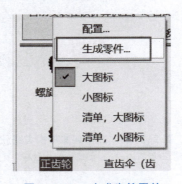

图 2-3-31　生成齿轮零件

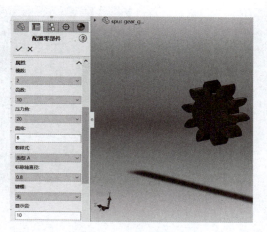

图 2-3-32　设定齿轮参数

（2）绘制齿轮中心孔，选择"拉伸切除"命令，单击绘制截面，选择齿轮一端面，在端面草图上绘制 φ5 mm 的圆，退出草图后，拉伸切除得到所需齿轮，如图 2-3-33 所示。

图 2-3-33　绘制齿轮中心孔

（3）底座的建模思路如图 2-3-34 所示。

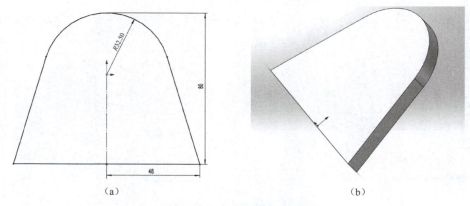

图 2-3-34　底座的建模思路

(a) 绘制草图截面曲线；(b) 创建拉伸特征——拉伸厚度为 9

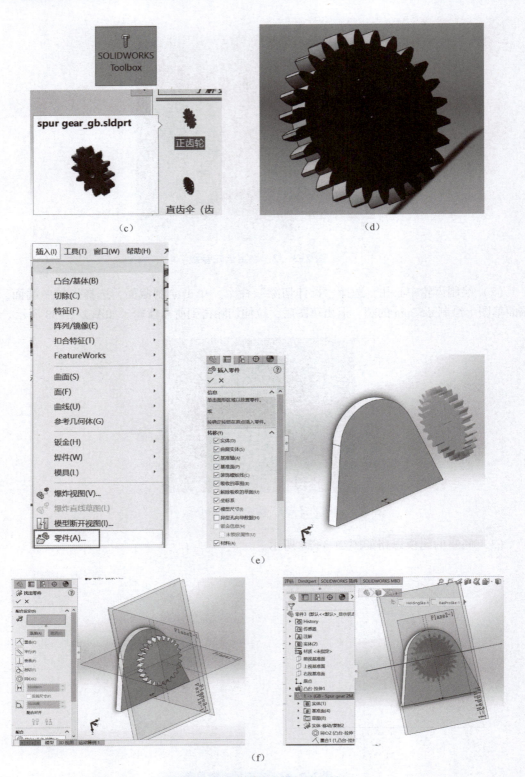

图 2-3-34 底座的建模思路（续）

（c）通过插件创建齿轮特征；（d）生成 26×2 齿轮；（e）插入齿轮底座模型；（f）进行齿轮位置定位

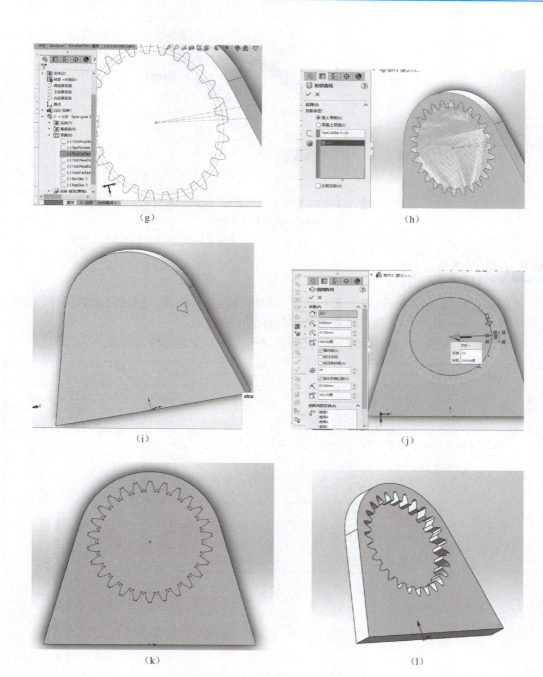

图 2-3-34 底座的建模思路（续）

（g）选择齿轮齿槽草图曲线；（h）进行草图曲线的投影；（i）在底座端面绘制齿槽截面线草图；（j）进行截面线草图的阵列；（k）进行阵列曲线的修建；（l）草图曲线拉伸并创建布尔求差特征——切除厚度为8；

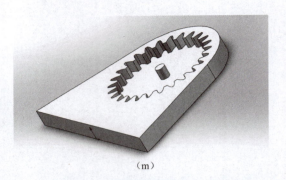

(m)

图 2-3-34　底座的建模思路（续）

(m) 创建中间圆柱体拉伸特征

任务小结与评价

本任务是利用 SolidWorks 软件进行行星齿轮模型的三维建模，通过完成此任务，能够熟练掌握 SolidWorks 软件开展三维建模及零部件装配的技能。

任务完成过程中，以小组为单位，开展自评与互评，完成考核评价表。

姓名		组别	
任务考核点		得分	备注得分点
课前对 SolidWorks 软件的学习情况			
利用 SolidWorks 软件开展行星齿轮模型的创建			
开拓进取、举一反三的学习能力			
创新意识			
自主学习的能力			
专创融合的职业素养			
小组课堂汇报			

任务 2　行星齿轮模型的打印成型

任务引导

项目组成员与核电站设备负责人进行了深入交流，为完成行星齿轮的打印工作，我们采用 3D 打印技术对模型进行实体打印。

任务要求

（1）完成工作页和工作计划。
（2）完成行星齿轮模型的切片设计与处理。
（3）若在切片和打印过程中出现工作问题，记录并写出修正措施。
（4）完成工作总结。

任务目标

1. 知识目标

（1）掌握切片的工作流程。
（2）了解常用的切片软件。
（3）掌握切片软件参数的设置。
（4）掌握打印设备操作的设置。
（5）掌握尖嘴钳、镊子等工具的操作技能。

2. 技能目标

（1）使用切片软件进行模型的切片处理。
（2）会使用铲刀等工具从 3D 打印机取出产品。
（3）能熟练使用尖嘴钳、镊子等工具去除 3D 打印产品支撑。
（4）能熟练使用锉刀、砂纸等打磨工具打磨产品。

3. 核心能力目标

（1）能独立思考，并掌握打印成型过程的基本思路。
（2）能通过不同途径，获取完成任务所需要的信息。
（3）可以不断完善、优化工作流程。

任务咨询

一、SLM 打印机工作原理介绍

为了满足客户打印要求，我们使用金属打印技术，这种技术也可以称为 Sintering Laser Metal（SLM），该技术由德国 Froounholfer 研究院于 1995 年首次提出。SLM 是将激光的能量转化为热能使金属粉末成型。计算机控制下的光纤激光器以预定零件各分层截面的轮廓为轨迹对金属粉末进行熔融，扫描区从而形成零件的一个薄层截面。经过逐层打印后，最终得到一个三维立体模型。SLM 打印设备如图 2-3-35 所示。

二、SLM 打印机工作流程介绍

在设计好模型后，需要将模型以 STL 格式导出进行打印，然后导入打印设备自带的切片软件中添加支撑以及切片，最后将切片文件导入打印设备中进行打印。本书使用的是 SLM 打印设备，使用的材料为 316L 金属材料。由于金属打印是一层层相融堆叠成型，所以模型打印完成之后需要通过线切割将打印件从基板上切割下来。

图 2-3-35　SLM 打印设备

任务实施

一、切片过程

1. STL 格式文件的生成

SolidWorks 软件输出 STL 文件用于模型的切片及打印，如图 2-3-36 所示。

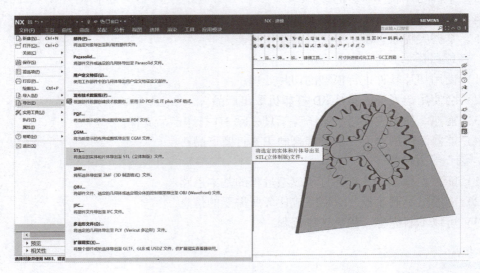

图 2-3-36　STL 文件导出

2. 载入模型

将 STL 文件导入金属打印机设备的切片软件 Build Star，调整摆放方位通常遵循以下几个基本原则：一是考虑模型表面精度，二是考虑模型强度，三是考虑支撑材料的添加，四是考虑成型所需要的时间。其中考虑模型强度时，摆放方位调整好后，如果需要同时制作多个模型，还需要对调整好方位的模型进行复制或者导入不同的模型对其进行摆放方位调整并排列。

具体操作步骤：

（1）将 STL 模型文件存放到设备存放模型指定路径，并为其名命，如图 2-3-37 所示。

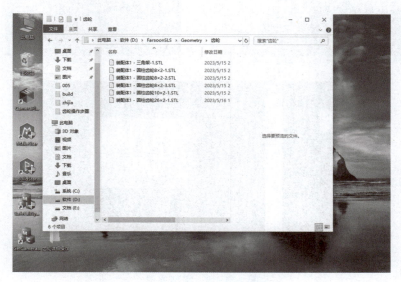

图 2-3-37　STL 文件存放路径

（2）打开 Build Star 建模软件，在右侧找到步骤（1）中导入的模型，双击将其导入 Build Star 操作界面，如图 2-3-38 所示。

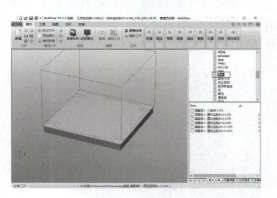 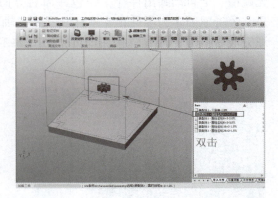

图 2-3-38　模型的导入

3. 模型摆放

单击"位置调整"按钮，对导入的模型进行位置调整和摆放，注意模型之间不要出现重叠，如图 2-3-39 所示。

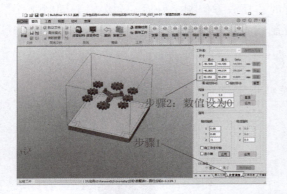
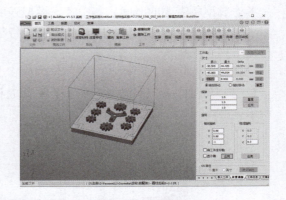

图 2-3-39　模型摆放

4. 模型验证

在切片之前需要对模型进行验证，单击"验证"按钮，对当前模型进行碰撞检测，如无碰撞，会自动弹出保存工作包并命名界面，如出现碰撞干涉现象，Build Star 会出现警告，警告原因多为零件相互重叠或零件 Z 轴坐标为负数所引起，修改后重新验证即可，验证完成后单击"保存"按钮即可，如图 2-3-40 所示。

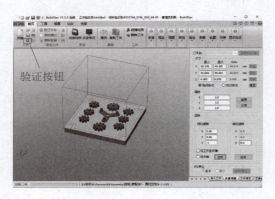
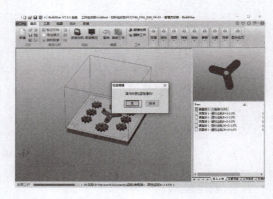

图 2-3-40　模型碰撞验证与工作包保存

图 2-3-40　模型碰撞验证与工作包保存（续）

5. 模型切片

验证完成后，单击菜单栏中的"切片"，并单击该菜单下方的"切片"按钮，切片完成后，会显示所需材料高度，这个数值通常是模型高度的 2 倍左右，以便在后续实际操作中为供粉缸添加定量的粉末。除此以外，还显示了所需活塞位置，这与材料高度所表达的是同一含义。值得注意的是，给出的打印时间是一个估计值，实际打印过程中还要考虑到充入氮气的时间，所以实际打印时间要略长于切片中给出的打印时间。切片过程和切片结果如图 2-3-41 所示。

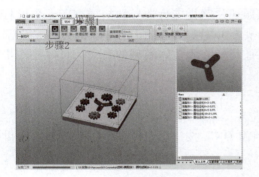
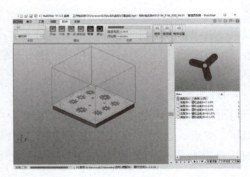

图 2-3-41　切片过程和切片结果

最后，单击"终止"按钮，结束切片。并单击位于菜单栏上方的"保存"按钮，至此，Build Star 中的全部操作已经完成，单击右上角的叉号关闭软件，切片数据自动保存在设备中，如图 2-3-42 所示。

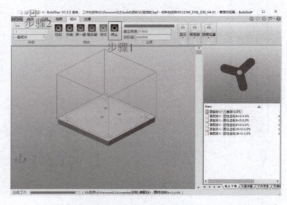

图 2-3-42　结束切片并保存

二、打印过程

进入 Make Star 软件进行打印过程的操作，模型打印前需要进行充氮、成型缸和供粉缸工作位置的调节、溢粉缸的清理等。打印原理为：供粉缸上升一定的高度（层厚），刮刀将升起的粉末刮至成型缸的基板上，激光按照切片路径进行选择性扫描打印。单层打印完成后，成型缸下降一定高度（层厚），供粉缸上升一定高度（层厚），刮刀将粉末刮至基板上，进行第二层的打印。依次类推，循环往复，完成整体模型的打印。具体操作步骤如下：

1. 打印前处理

打开 Make Star 软件，单击菜单栏中的"机器"，然后依次单击"手动"→"准备"→"运动"按钮。最后点亮操作面板上的"SYSTEM ON"按钮。至此，可以对成型缸和供粉缸的运动进行操作，如图 2-3-43 所示。

 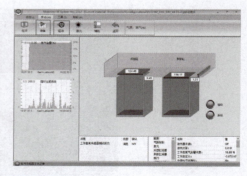

图 2-3-43　系统运动激活

图 2-3-43　系统运动激活（续）

单击成型缸中的"上极限"或"清洁位置"按钮，实现成型缸的上升，然后将基板放入成型缸中，并用螺丝完成紧固连接，如图 2-3-44 所示。

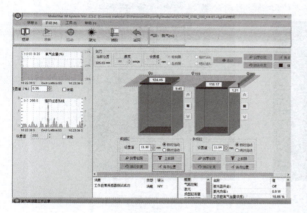 

图 2-3-44　成型缸位置调整和基板的安装

然后单击成型缸中的"回零极限"按钮，在成型缸下降至基板与机器水平的位置时，及时单击"停止"按钮，如图 2-3-45 所示。

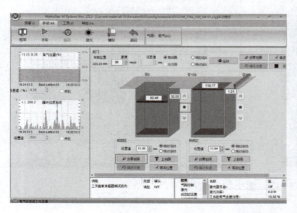 

图 2-3-45　调整打印基板位置

单击供粉缸中的"回零极限"按钮,将供粉缸下降至指定高度,数值要大于切片结果中给出的所需材料高度,然后手动将粉末添加至供粉缸中,如图2-3-46所示。

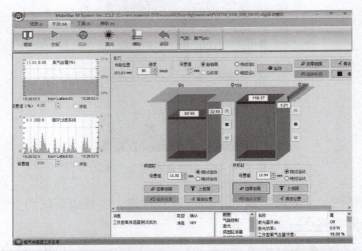

图2-3-46　添加粉末材料

添加完成后,单击"回零极限"按钮,使用刮刀将粉末刮至基板上,将粉末材料的高度与成型基板保持平行,如图2-3-47所示。

 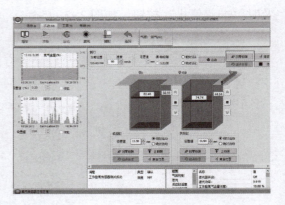

图2-3-47　铺平粉末材料

图 2-3-47 铺平粉末材料（续）

2. 导入模型

单击"返回"按钮，单击菜单栏中的"机器"按钮，单击"建造"按钮，单击"导入"按钮，选择 Build Star 操作中保存的切片工作包，单击"确定"按钮完成导入，如图 2-3-48 所示。

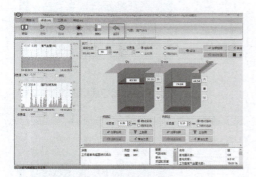
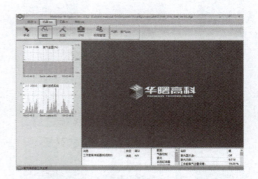
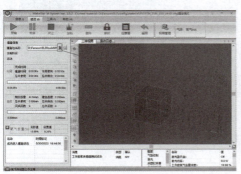

图 2-3-48 导入模型

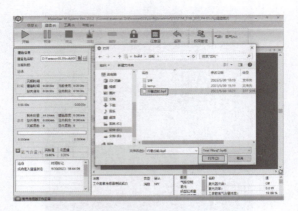

图 2-3-48　导入模型（续）

3. 打印处理

单击"开始"按钮，并按下操作面板上的"SYSTEM ON"按钮，等待氧气含量降至 0.35% 以下，即可开始打印，操作步骤及打印过程如图 2-3-49 所示。至此，已经完成全部的打印流程。

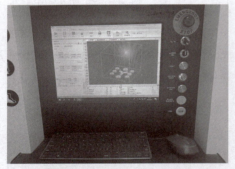
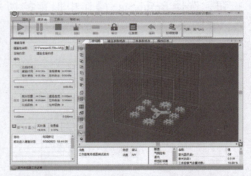

图 2-3-49　打印处理

图 2-3-49　打印处理（续）

4. 后处理过程

打印完成后将打印实体从打印腔体取出，然后使用线切割实现样件与基板的分离，如图 2-3-50 所示。

图 2-3-50　打印后处理

图 2-3-50 打印后处理（续）

任务小结与评价

本任务利用 SLM（金属打印技术）打印设备打印行星齿轮模型，利用设备自带的切片软件 Build Star 进行模型切片，因此在完成任务的过程中需要掌握此两项技能。

任务完成过程中，以小组为单位，开展自评与互评，完成考核评价表。

姓名		组别	
任务考核点		得分	备注得分点
对金属打印技术的掌握情况			
对 Build Star 的使用掌握情况			
对行星齿轮模型进行切片处理			
对行星齿轮模型进行 3D 打印			
安全操作意识与安全操作规范			
分工协作的能力			
精益求精的职业素养			
小组汇报			

参 考 文 献

[1] 程喆. 3D打印技术基础［M］. 北京：北京理工大学出版社，2023.
[2] 苏静，高志华. 3D打印应用技术与创新［M］. 北京：机械工业出版社，2020.
[3] 王广春. 快速成型与快速模具制造技术及其应用［M］. 北京：机械工业出版社，2019.
[4] 潘家敬. 3D打印增材制造技术［M］. 北京：电子工业出版社，2022.
[5] 吴超群，孙琴. 增材制造技术［M］. 北京：机械工业出版社，2020.
[6] 鲁华东，张骜，杨帆. 增材制造技术基础［M］. 北京：机械工业出版社，2022.
[7] 李礼，戴煜. 中国增材制造技术现状及发展趋势［J］. 新材料产业，2018（08）：30-33.
[8] 曾锡琴，朱小蓉. 激光选区烧结成型材料的研究和应用现状［J］. 机械研究与应用，2005（06）：19-21.
[9] 曹祥哲. 做有"材"的产品设计——谈材料在产品设计中的重要作用［J］. 天津美术学院学报，2013（01）：88-89.
[10] 杨钦杰，李佳汶，李明，等. 熔融沉积3D打印设备研究进展［J］. 中国塑料，2022（02）：157-171.
[11] 吴涛，倪荣华，王广春. 熔融沉积快速成型技术研究进展［J］. 科技视界，2013（34）：94.
[12] 梁延德，赵与越，刘利. 光固化快速成形制件的误差分析［J］. 2005年中国机械工程学会年会论文集，2005（01）：269.
[13] 王会刚，姜开宇. 光固化工艺过程中影响成型件精度的因素分析［J］. 模具制造，2005（11）：62-65.
[14] 崔更彦. 光固化快速成型工艺对模具成型零件精度的影响［D］. 洛阳：河南科技大学，2016.
[15] 任元. 熔融沉积工艺中成型质量关键影响因素的分析与研究［D］. 长春：长春工业大学，2018.
[16] 赵萍，蒋华，周芝庭. 熔融沉积快速成型工艺的原理及过程［J］. 机械制造与自动化，2003（05）：17-18.
[17] 董海涛. 熔融沉积快速成型的工艺分析［J］. 制造技术与机床，2013（10）：96-98.
[18] 陈光霞，覃群. 选择性激光熔化快速成型复杂零件精度控制及评价方法［J］. 组合机床与自动化加工技术，2010（02）：102-105.
[19] 曹润辰. 18Ni300马氏体时效钢选区激光熔化工艺及金属粉末激光熔化实验研究［D］. 上海：上海交通大学，2014.
[20] 王毓彤，章峻，司玲，等. 3D打印成型材料［M］. 南京：南京师范大学出版社，2016.
[21] 宋彬，及晓阳，任瑞，等. 3D打印蜡粉成型工艺研究和应用验证［J］. 金属加工（热加工），2018（01）：23-26.

[22] 汪焰恩. 3D打印技术与应用［M］. 北京：高等教育出版社，2022.

[23] 廖钊华，邓君. DLP光固化快速成型设备技术分析［J］. 机电工程技术，2018（09）：66-69.

[24] 廖栋，郑宇凡. 3D打印技术在陶瓷产品设计中的应用［J］. 天工，2021（05）：76-77.

[25] 刘斌，谢毅. 熔融沉积快速成型系统喷头应用现状分析［J］. 工程塑料应用，2008（12）：68-71.

[26] 吕维平，刘棠. 设计概论［M］. 武汉：武汉大学出版社，2015.

[27] 黄强苓. 工业设计基础［M］. 沈阳：辽宁美术出版社，2013.

[28] 柳沙. 设计心理学［M］. 上海：上海人民美术出版社，2016.

[29] 尹定邦，邵宏. 设计学概况［M］. 长沙：湖南科学技术出版社，2016.

[30] 宋晴. 基于自然交互的儿童智能双语学习产品设计研究［D］. 成都：西南交通大学，2021.

[31] 韩品连. 喷气发动机部件的增材设计与制造［J］. Engineering，2017，3（05）：163-172.

[32] 孔德奎. 增材制造梯度蜂窝结构强迫对流换热性能分析与优化设计［D］. 大连：大连理工大学，2018.

[33] 易杰，唐锋. 3D打印与创新设计［M］. 北京：机械工业出版社，2022.